# 再造
## 城市空间

上海城市更新
案例与启示

刘芳 李梦君 贾正阳 著

中国建筑工业出版社

**图书在版编目（CIP）数据**

再造城市空间：上海城市更新案例与启示 / 刘芳，李梦君，贾正阳著. -- 北京：中国建筑工业出版社，2025.5. --ISBN 978-7-112-31064-7

Ⅰ. TU984.11

中国国家版本馆 CIP 数据核字第 2025V3D660 号


责任编辑：杨晓
书籍设计：锋尚设计
责任校对：芦欣甜

**再造城市空间**　上海城市更新案例与启示

刘芳　李梦君　贾正阳　著

＊

中国建筑工业出版社出版、发行（北京海淀三里河路9号）
各地新华书店、建筑书店经销
北京锋尚制版有限公司制版
北京中科印刷有限公司印刷

＊

开本：787毫米×1092毫米　1/16　印张：13¾　插页：2　字数：266千字
2025年5月第一版　2025年5月第一次印刷
定价：**68.00**元
ISBN 978-7-112-31064-7
　　　（44689）

# 前言

　　近几十年中国快速的城市化进程使城市面貌日新月异。尽管这一以增量扩张为特征的发展阶段行将结束，城市本身却始终处于动态变化之中，宛如一个生命有机体，持续进行着"新陈代谢"。城市更新作为城市持续生命力的体现，是城市发展的永恒主题。从城市发展的客观规律来看，增量型发展代表了城市的初步建设阶段，而存量型发展则标志着城市的维护与提升阶段。在城市发展的全生命周期中，增量型发展阶段是短暂且非典型的，而存量型发展阶段则是持久且典型的。中国经历了超过三十年的快速大规模城市改造与建设，目前已进入转型期。城市建设与发展迫切需要从非典型时期过渡到正常发展轨道，即从粗放型的增量发展转向以小尺度改造为主导，旨在优化城市功能和提升城市空间品质的精致型存量发展。

　　"城市更新"起源于西方"城市再发展"概念。城市更新可定义为通过维护、整建、拆除等方式对城市土地进行经济合理的再利用，并强化城市功能、增进社会福祉、提高生活品质、促进城市健全发展。其目的是长期促进一个地区包括经济、物质、社会、环境等多方面的可持续发展，所采用的方法则是综合的、整体的。

　　随着中国城市化进程的高速发展，城市更新的发展历程同西方城市一样，已经从拆旧建新进入到承载新内容、满足新经济需求、重视城市历史文脉延续的有机更新阶段。尤其一线城市如上海、北京等，随着城市化深度发展，面对产业转型的需求，率先进入了精细化、品质化的存量时代。政策方面，上海市总体规划在"十三五"期间严控建设用地，依据《上海市城市总体规划（2017—2035年）》，到2035年，上海建设用地总规模不超过3200平方公里，而上海"十三五"期间建设用地规模控制在3185平方公里以内，意味着20年间上海建设用地增量仅有15平方公里，而城市更新更是直接写入了国家"十四五"规划纲要。上海的发展趋势，同时也是中国很多一、二线城市正在或即将面临的问题，各个城市都在制定城市更新相关的条例、法规，上海作为最早一批将城市更新法规建设提上日程的城市之一，于2021年8月出台了《上海市城市更新条例》，标志着上海城市更新的法规建设进入全新的阶段，且上海的城市发展重点已由"城市扩张"转向"城市更新"，城市未来的发展空间将从改造和重构已建成的区域中产生，上海的城市建设已经进入"存量时代"。市场方面，城市更新是城市发展到一定程度的必经阶段，经营存量、提升资产价值将成为下一个发展的风口。

在城市发展的演进过程中，生产方式的变革促进了城市地块功能的相应转变。例如，城市核心区域的码头建筑因铁路运输的兴起而逐渐被废弃，这一现象体现了物流方式的变革对城市地块功能产生的影响；此外，城市人口的急剧增长导致对居住空间、交通空间以及公共空间的需求激增，与此同时，城市产业结构的转型促使工厂向郊区迁移，从而产生了大量需要更新改造的城市"棕地"；再者，城市化的迅猛发展亦导致了诸如立交桥下方等城市公共设施的剩余空间，以及口袋公园等城市设施的挤压空间的出现。这些空间均需不断地进行更新与优化。

本书中挑选的案例都是作者近些年参与的上海城市更新项目，从不同的角度诠释了当下城市更新的改造模式和改造特点。

首先，城市更新是一个伴随着城市发展不断渐进的过程。从最初的"拆、改、留"到现在的"留、改、拆"；由政府主导到市场导向，再到多方参与的城市更新模式的建立；由单纯物质环境更新到注重多方面的综合社会效益。随着城市的发展、时代的进步，城市更新的理念和内涵本身也在持续更新。

其次，城市更新要尊重城市历史遗产价值。保留有文化价值的建筑，从形式上看是新与旧的结合，实际上是历史文脉的延续与传承，我们要在保护与传承中更新城市。

最后，城市更新要平衡投资方、政府、民众三者的关系和需求。市场主体是出资人、实施者，政府则通过法律法规、规划管理、财政资金等方面给市场主体提供支持的同时保障公共利益，而民众则是最重要的参与者和受益者，需要积极参与到城市更新的过程中。

中国的城市更新已不再是街道和建筑立面的简单形式改变，而是结合城市产业升级和新经济消费结构的变化来再造城市空间。要注重城市历史传承和城市文脉延续，用文化创意引领更新，再现城市活力；需盘活存量，满足城市由扩张向内涵发展以提升城市价值；更要求投资运营方用新融资方式和运营模式提升城市品质。基于上述要求，在城市更新中需注意三个要点。

第一，重新定位。无论以前是什么业态，未来是什么业态才重要。工业厂房改为创意园区、码头建筑改为时尚商业、住区底商改为社区书店、附属设施用房改为艺术空间，只要抓住未来的需求，都可以取得成功。

第二，重现文化。只做硬件改造，没有文化底蕴，就不会有最精准的物业价值定位和提升。做硬件相对容易，但没有文化底蕴的更新，往往就是没有灵魂的，不能激发大家的感情共鸣、唤醒城市的记忆，这也是存量城市更新的难点。

第三，重构产业。借城市更新之机为旧建筑赋予新产业、新经济、新动能、新业态，让城市实现产业结构转换，为城市创造更多的财富。

无论何种方式，城市更新都是城市发展中永续不断的过程，最终目的是让城市生活更美好！

本书架构与文稿撰写由刘芳负责（撰写字数约20万字），主要的案例素材由李梦君、贾正阳提供。

老码头二次改造更新项目

安亭老街改造更新项目

NIU ZONE新联地带改造
更新项目

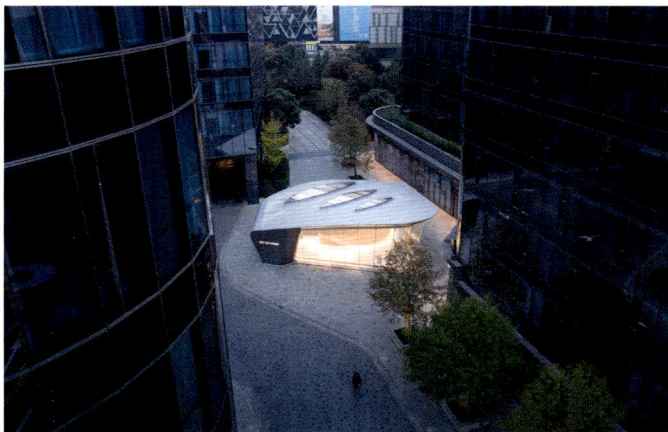

金臣·亦飞鸣美术馆
改造更新项目

水舍酒店微更新改造项目

愚园路艺术直播工作
室改造更新项目

幸乐路闵行城市书房
改造更新项目

徐行天地改造更新
项目

# 目录

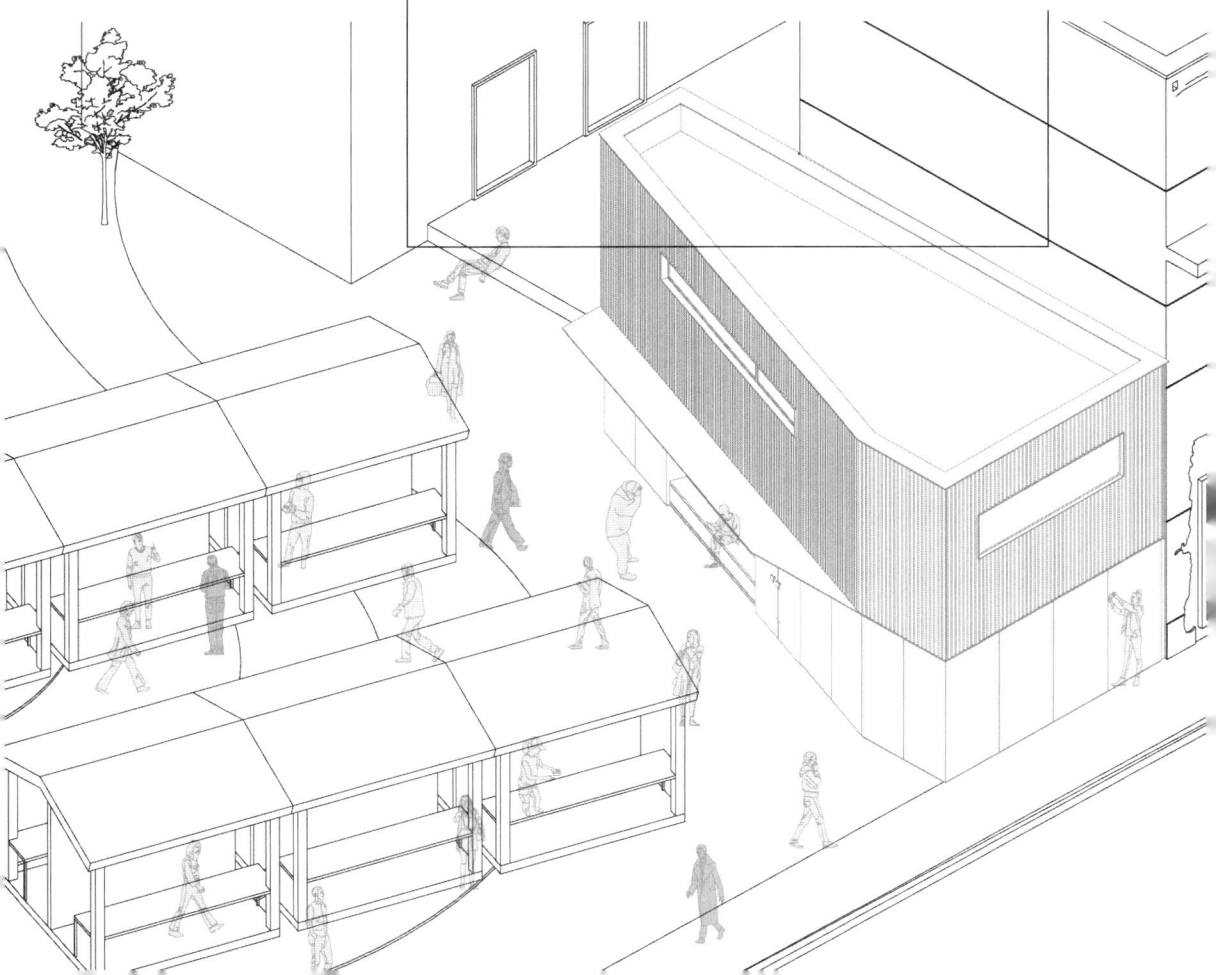

# 第1章
# 概　述

# 1.1 城市更新的发展历程

在近一个世纪的历程中，全球范围内的城市更新运动遵循了相似的发展轨迹。具体而言，该过程经历了从大规模的拆除重建，逐步过渡到综合性的改造，最终发展为小规模、分阶段的渐进式更新：从政府单一主导的模式，转变为市场驱动，进而演变为多方利益相关者共同参与的治理结构；从单纯关注物质环境的改善，扩展到注重社会效益的提升，最终形成以多目标为导向的综合更新策略。

## 1.1.1 由拆除重建到综合改造再到小规模、分阶段的循序渐进式

早期城市更新的形式主要是拆除重建，优点是可以快速改变城市形象并提高城市土地利用效率。更新活动主要针对物质环境的更新，目的是对城市中心区土地进行强化利用，具体形式多为通过新建购物中心、高档宾馆及办公楼来取代过去的旧建筑。进入20世纪60～70年代，以欧洲为主的西方发达国家开始对前一阶段大拆大建式改造进行反思，城市更新不再单纯考虑物质因素和经济因素，而是综合考虑就业、教育、社会公平和福利等多种因素，特别是更加关注社会公平和福利，城市更新由单纯物质更新逐步转向多维度目标的综合改造。

大城市大规模更新改造的盛行，原因是大城市的快速发展导致了城市更新的内生性需求增长。一方面，快速的城市化带来了大量新增人口，社会经济的快速发展也带来了全新的业态和消费需求，因此只能通过城市建设用地开发强度的不断提高来应对。另一方面，在城市快速扩张的过程中，城市更新改造的成本也迅速提高，而规模效应有助于降低成本。这个阶段的改造多为政府主导，市场主体和社会资本参与较少。

## 1.1.2 由政府主导到市场导向再到多方参与

进入20世纪80年代，西方城市更新政策更加强调自由市场的作用，由政府导向的带有福利色彩的大规模的综合改造逐渐转为市场导向的较小规模的项目改造。一方面是城市发展到一定程度后大拆大建的机会越来越少，另一方面，社会资本与政府资本相比规模较小，因此进入20世纪90年代后，西方城市更新基本以小规模、分阶段的循序渐进式的有机更新为主。在实施主体方面，欧美国家经历了从中央、地

方政府大包大揽，到政府与社会资本合作，再到政府、私人部门和社区等地方团体三方共同进行城市更新开发的转变过程。

上一阶段的拆除重建是带有福利主义色彩的综合开发，是政府主导。在新阶段，由于自由市场主义盛行，公共部门主导经济建设的作用不断被淡化，主要职责逐步转换为创造良好的宏观环境以及对私人开发进行引导，而私有部门则成为城市更新的主要力量。因此更新周期长、需要庞大资金支撑的更新项目越来越难以实施。在一些大型城市更新项目中为确保城市更新进程，欧美国家采用提供财政补贴、利用资金的杠杆效应等方式，力图以较少的公共资金带动私人资金投入到城市更新中。

同时，伴随以人为本理念逐步被大众接受，城市更新更加强调社区参与，让大众真正参与到城市更新的进程中。大众参与的另一个现实基础，是随着第二次世界大战后经济的发展和教育的普及，民众接受教育以后社会地位有所提高，有一定的经济实力，渴望改善原有的居住条件，同时又希望保护社区文化以获得个人认同。他们不再满足于被动接受改造结果，而是要求直接参与城市更新活动策划、规划、设计的全过程，自此社会的各方都真正参与到了城市更新之中。

## 1.1.3　由物质环境更新到注重社会效益再到多目标导向

城市更新经历了从推土机式推倒重建，即通过大面积拆除城市中的破败建筑，来全面提高城市的物质形象，达到物质环境的更新；到城市更新运动的关注点由单纯物质环境更新转向社会效益的综合平衡，城市更新不仅考虑物质因素和经济因素，还综合考虑就业、教育、社会公平和福利等多种因素，致力于通过旧区改造提升居民的生活水平，并提升城市的综合竞争力；再到在人本主义规划思想影响下，城市更新发展为基于经济、社会、文化等多元层面的整体更新，日益强调城市功能的调整和完善，强调居住环境和文化氛围的更新和塑造，同时关注历史文化建筑的价值。拆除重建式的城市更新逐渐过渡到以保护、传承、提升为主要内容的有机更新。

特别是进入21世纪后，西方更加重视大众参与和可持续发展理念，通过各种城市更新政策法规的制定，确保大众的权益得到保障，并将对自然环境的破坏降到最低。

我国在经历了过去几十年大拆大建式的快速城市化进程后，也进入了以城市更新为主的存量时代，在上海等发展较快的城市中，多方参与、多目标导向等城市更新的新趋势同样得以体现。

# 1.2 城市更新的特点

城市更新与此前的增量新建模式有本质不同，其特点主要体现在：城市更新是一个慢速的、永续不断的过程；城市更新费心费力、长线且微利；城市更新面对的产权是多元复杂的，要平衡政府、投资人、民众三者的需求；城市更新是系统工程，价值体系更加多元；城市更新需要因地制宜、因人施策，更彰显设计和策划的力量。同时，城市更新自身随着时代发展也在不断调整进化，展现出当下新的特点，下面将分别详述。

## 1.2.1 城市更新是一个慢速的、永续不断的过程

众多城市更新工程的失败往往归咎于时间规划的不当。开发商们仍沿用传统的工作节奏，将适用于新开发地块的项目时间表直接应用于城市更新项目，这在实践中被证明是不可行的。城市更新项目在初期阶段，如调研测绘以及与各方利益相关者和公众的沟通，往往需要耗费数年时间。然而，这些步骤对于项目的成功至关重要，例如，更新后的功能业态规划若未基于对周边区域的详尽调研而草率决策，可能导致项目竣工后乏人问津。城市更新中的现状调研与新地开发中的市场定位存在本质区别，前者着重于基础调查，后者则侧重于市场展望。

城市更新的一个显著特征是其小规模、分阶段的逐步有机更新方式，类似于城市的自然代谢过程，通过不断地调整以适应当前的发展需求。过去大拆大建的那种毕其功于一役的心态无法适配当下的工作。

## 1.2.2 城市更新费心费力、长线且微利

在上一个快速增量建设时期，新区开发普遍是暴利的，因此开发商也习惯了高杠杆、快节奏的运作模式，只要项目快速完成，大额贷款的高利率完全可以覆盖。但这种模式本身是不可持续的，不但带来一系列社会问题，而且一旦整体市场下行，必然引发大量开发商的"暴雷"事件。而城市更新普遍是微利的，并且物业以自持为主，开发商需要持续地精心运营才能实现盈利。

城市更新基本上就是一个多费心、多费力、放长线、赚微利的行业，如果以过去习惯了的新盘开发快进快出模式来对比，自然觉得账面难以接受，但在中国城市

建设从增量扩张进入存量提升的阶段，城市更新才是未来的趋势，只要合理规划并精心运营，依旧可以盈利。

### 1.2.3 城市更新面对的产权是多元复杂的，要平衡政府、投资人、民众三者的需求

大型新建项目是在政府已经收储并一次开发后的场地上进行建设，相当于在一张白纸上作画，只要符合规划条件和各项法规，取得土地证的开发商对如何建设有绝对的话语权。但老城城市更新则不同，一个场地内有大量的所有者、使用者以及利益相关方，此外还涉及政府对公共利益相关的规定、投资方对利益回报的要求，城市更新的每一个动作都要平衡各方的需求并取得他们的同意方可施行。一个项目往往需要经历大量的多方会谈，在协调与妥协中达成一个各方都能接受的方案。

在城市更新项目中，政府是城市更新的规划决定者，投资人是主要实施者，民众是最重要的受益者，一个城市更新项目要想成功，必须在三者之间建立沟通合作的机制与平台。

### 1.2.4 城市更新是系统工程，价值体系更加多元

大型新建项目通常具有明确的目标导向，例如房地产开发项目主要以追求经济效益为核心，而大型公共建筑项目则旨在丰富居民的精神文化生活并展示城市形象，其经济效益相对次要。然而，城市更新项目则需综合考量经济效益、公共设施的完善、居民生活品质的提升以及建筑历史文化的保护等多重因素。尽管不同项目可能因侧重点不同而对考虑因素的优先级有所差异，但大多数城市更新项目均需兼顾多方面因素，这也是城市更新相较于新建项目更为复杂和困难的关键因素之一。

在当前阶段，城市更新的实施模式已从以往政府全权负责转变为政府引导、市场主体参与的新型模式。若经济效益不明显，则难以吸引社会资本的投入，进而影响更新活动的启动。同时，若不重视提升原有居民的生活品质及完善区域公共设施，将难以获得民众的支持，从而导致更新活动难以顺利进行。

此外，成功的城市更新项目特别强调城市遗产的价值。在保护和传承的过程中，城市实现了更新，新旧建筑之间形成了和谐的美感。在此理念下，城市的历史文化得以传承，当地居民增强了归属感，外来游客体验到独特的城市魅力，同时建筑师的创新精神和艺术家的创意得到了充分的尊重。

## 1.2.5  城市更新需要因地制宜、因人施策，更彰显设计和策划的力量

一个区域尤其是城市比较中心的区域，变得老旧，失去活力，归根结底是它的功能和使用者已经不适应此时此地的要求，否则内部的自发性更新就可以维持整个地区的活力。因此，在城市更新中，对建筑功能和使用人群的更新是一个相当重要的因素。例如，欧洲那些繁华的城市中心，极少推出大规模的城市更新计划，但这些地方其实一直在持续进行着微更新。商业街或者社区中，总有局部在施工，可能是店铺更新提升，也可能是住户变化。这微更新的动力，本质上是这里的功能和使用人群一直在更新：老店铺因不适应时代而关门，就会有新的店铺顶替；老的住户不习惯此地的生活了，便会卖给喜欢此地的新住户。于是，这些古老的街区，保持着持续更新的动能。因此，城市更新既要因地制宜地调整功能业态组合，又要因人施策地让老居民有归属感，让新人愿意来。所谓的新人，可能是新业主，也可能是新租户，还有可能是新的消费者或新的观光客。总之，新的东家，新的租客，新的买家，新的游客，一个老的城市要更新，至少需要新引进其中一种人。新的舞台建设好，没有新的演员就只是一个空壳，更不会引来新的观众。

城市更新因而更需要彰显设计和策划的力量。设计是城市更新投资者与社会各方沟通最有效的工具，而功能业态的策划设计是基础。城市更新是通过设计来表达城市更新投资者的理念和愿景，再用新的材料和方式予以实现。所以，城市更新想要成功，必须重视策划、尊重设计、融入艺术、鼓励创新。

## 1.2.6  当下我国城市更新的新特点

我国在经历了快速城市化建设的过程后，也逐步进入以城市更新为主的存量经营阶段，如上文所述，城市更新与此前的增量新建模式有本质区别，此外，当下新的城市更新与原先以物质环境提升为主的城市更新亦有区别：从只关注物质层面、拆旧建新式的城市更新，发展到承载新内容、重视新传承、满足新需求、采用新方式的反映新时代要求的城市更新。

承载新内容：不再仅是涂脂末粉式的建筑外表皮或沿街界面外观改变，而是紧扣城市未来发展的产业升级和消费结构升级，在再造城市空间的同时调整功能业态。

重视新传承：注重历史传承与文脉延续，以艺术和文化创意来重塑历史文化载体，使其既保留原有的风貌，又满足新时代的审美和使用需求。

满足新需求：时代在发展，新时代需有新的生活方式、消费习惯、情感需求，原先的功能业态通过更新使其适应当下的时代潮流，让城市空间重获活力的同时，提升居民的物质精神生活需求。

采用新方式：不再是政府大包大揽，而是逐步改为市场主导，通过政府的引导和政策激励，鼓励投资经营者采用新的融资方式、新的经营模式、新的开发理念，充分发挥市场活力，让城市更新活动得以可持续发展。

综上所述，我国的城市更新已至新阶段，在新的发展阶段需要政府、投资方、设计方都更新理念，共同推进新时代的城市更新，让城市更美好。

# 1.3 城市更新对城市的价值

大多数城市更新项目自身规模都不大，不像大拆大建或平地起新城，可以在短期内产生大量建筑面积、快速改变城市面貌并产生大量经济效益。但城市更新有其特有优势：首先，区位一般在城市老旧片区，人口密集且周边配套设施较为完善，容易和周边产生良性互动；其次，老建筑为项目增加了时间维度，赋予项目独特的历史文化内涵。因此，考量城市更新的价值应该超越增量时代新建项目的视角，从更大的维度去评估城市更新项目的价值。

项目经济效益方面，考察城市更新项目对区域经济的带动作用要优先于单个项目的投资回报。相比大型新建项目快进快出的经济平衡模式，城市更新更注重通过对周边区域功能的调整完善以及小场景的营造，来提升项目对整个区域经济的带动能力。

项目更新时序方面，城市更新项目不再是毕其功于一役，而是永续地自然生长，随着城市的发展进行点状的修修补补将成为城市更新的常态。因为从城市发展角度看，城市更新不只是建设行为，更是一种协调机制。在过去近十年快速城市化过程中造成的基础配套设施及公共开放空间不足、城市功能转变导致的原有建筑荒废、盲目建设导致的建筑使用不充分等问题，都可以通过一个个的城市更新项目进行协调，因此城市更新更符合城市"新陈代谢"的自然生长模式。通过日常不断的、渐进的城市有机更新和结构调适，实现动态平衡，让城市可以一直适应未来社会和经济的发展。这种更新的过程也更加易于把控，可以避免大规模快速地改变城市空间和环境格局所带来的不确定性，也就更容易达成积极的综合社会效益。

项目空间尺度方面，城市更新是以人的尺度进行小场景营造，而大型新建项目则是一种类似于场地设计的逻辑。场地设计容易陷入同质化、形式化的困局，之所以出现这种现象，归根结底是因为对人的需求理解不到位。相比大型新建项目偏重宏大叙事，城市更新更偏向于人的尺度。这种以人为本的设计可以真正地提升居民的归属感与幸福感，从而把人留住。有了人气，城市的综合竞争力才有基础。

# 1.4 提升城市更新价值的策略

首先，需要精细化的规划制度。

城市更新作为一个长期持续的过程，仅依靠政府的投入难以为继，需要激励大量市场主体参与。在激励市场主体加入的措施方面，国内外通常采取的方式是"容积率奖励"制度，即在开发商提供一定的公共空间或公共设施、对场地内历史文化建筑进行妥善保护的前提下，政府通过提高场地既定容积率，奖励开发商一定的建筑面积。这种模式在国外和国内都有很多成功的实践经验。

随着城市发展，建设模式也从政府一肩挑，到政府收储土地并一级开发后交由开发商建设，再到现在广泛发动市场力量、公众力量，让更多的人参与其中。只有更多参与，才能让城市更新活动获得更广泛的收益和认可，真正起到提升城市品质的作用。这种新模式倒逼精细化的城市规划制度设计，从而创造出社会各群体都能响应的新动能。

其次，需要精心化的管理模式。

上文提到城市更新要以人为本，设计的出发点不再是冰冷的经济技术指标，而是活生生的"人"，应通过设计引寻人们在新场景中的活动，从而焕发区域活力、提升区域品质。这种模式不同于此前地产开发模式的快进快出，而是要对项目进行持续精心的维护管理。更好的使用，带来更好的监督，最终实现更好的维护。人来得多了，创造了价值，才会有人关注，从而激发物业持有者精心维护管理的积极性。而要想低成本、高效率地解决维护问题，就需要结合智慧城市建设中的数据平台与市民广泛的参与。

目前世界很多发达城市，如东京、伦敦、纽约等都已搭建了完善的城市公共空间可视化网站。人们可以直接在网站上看到城市公共空间的基础数据和正在举办的临时活动，完善的公共空间智慧平台建设助力城市的不断更新发展，促进城市开始精细化管理。上海也在积极跟进，提出"街道是可漫步的、建筑是可阅读的、城市是有温度的"理念。

综上所述，在城市更新时代，城市建设的内在逻辑发生了根本变化。建设活动变为一项渐进式、持续性的活动，同时也需要多方合作的新场景塑造。因此，城市管理者、运营者、设计单位、资方都不应该寻求一劳永逸、一招走天下的方法，而是要不断创新，在城市更新时以"一地一策"为原则，充分研究分析"人、地、未来"的关系，才能真正地达到提升城市综合竞争力的目的！

图1-1 丰富夜间文化活动内容

图1-2 提升宠物友好社区互动

图1-3 激发公众参与

图1-4 提升社区商业烟火气

# 第2章
# 上海城市更新发展历程及制度创新

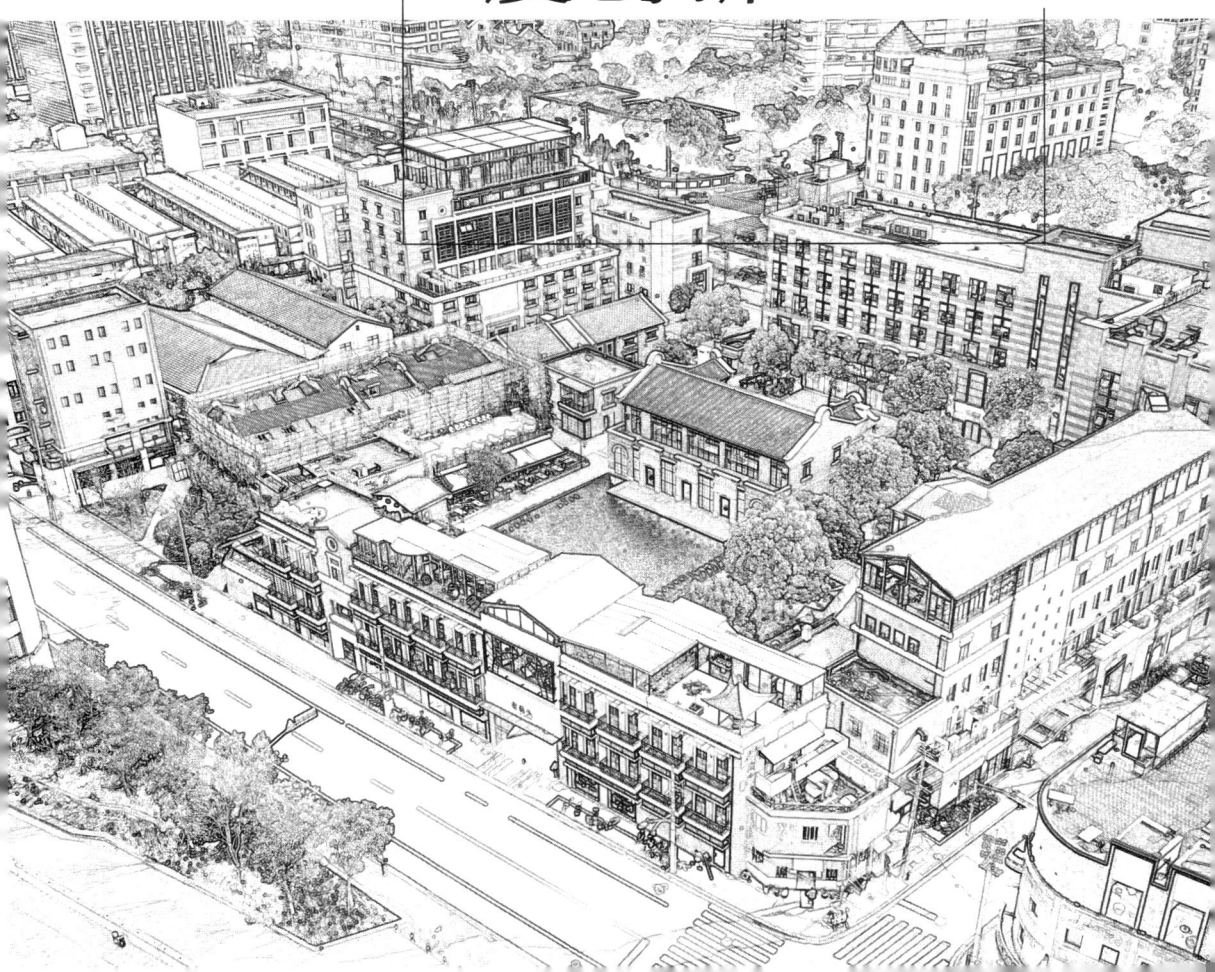

# 2.1 上海城市更新背景

　　上海作为中国近代以来最大、最发达的城市之一，经过多年发展，已基本建成国际经济、金融、贸易、航运中心，并逐步成为具有全球影响力的科技创新中心。上海市下辖16个区，总面积6340.5平方公里，截至2024年底，常住人口约为2480.26万人。上海在改革开放后经历了快速城市化进程，而随着城市化基本完成，一系列的城市问题相伴而生，对城市的进一步发展提出了全新的挑战。面对新的形势，上海市于2017年颁布了《上海市土地资源利用和保护"十三五"规划》，提出到"十三五"末，将全市建设用地总规模控制在3185平方公里以内，防止城市的无序扩张。同年年底发布的《上海市城市总体规划（2017—2035年）》，也要求将建设用地总量控制在3200平方公里以内，政府控制城市规模的决心可见一斑。同时，产业转型也势在必行，在控制总建设用地规模的同时要完成产业升级改造。

　　其中，明确提出工业用地规模要从目前的27%降到17%。降低工业用地比例除了产业转型，也是为了在增量消失后在存量中寻找新的机会。其实早在2015年，上海建设用地规模就已经接近了预设的总规模红线，同时也逼近了现有资源环境承载力的极限。作为曾经的老工业基地，上海的崛起离不开工业的贡献，但时过境迁，上海当前的工业用地除了占比偏大（截至2012年底，上海工业用地面积约占全市建设用地面积的29%，是国际同类城市的3～10倍），还存在布局分散（除整体规划的工业区外，占总量一半以上的工业用地分布在郊区村镇）、使用粗放、单位面积绩效低等一系列问题。经统计，全市工业用地的1/4左右为低效工业用地，这1/4面积只贡献了工业总产值的不到10%，其中大部分为改革开放初期的村镇集体产业或私营企业，普遍存在产值低、能耗高、环境差等问题，安全隐患也日益突出。

　　同时老旧小区等的更新改造也成为越来越凸显的城市问题。早期建成的住宅小区，普遍开始出现公共服务设施匮乏、设备管网老化、适老化设计不足等问题。上海作为中国现代较早建设、发展的城市，比中国大多数城市更早地遭遇了快速的城镇化和大拆大建式改造，大量同一时期集中建设的住宅集中面临更新改造的压力，使当前的挑战更加严峻。

　　另一方面，上海也是国内较早注重历史风貌保护的城市。2002年7月25日，上海市人民代表大会常务委员会颁布了《上海市历史文化风貌区和优秀历史建筑保护条例》，该条例于2003年1月1日起开始实施，保护工作上升为地方法规，保护范围由单个建筑或建筑群扩展至历史文化风貌区。2007年9月，上海市政府批转了市规划局《关于本市风貌保护道路（街巷）规划管理的若干意见》，划定了历史文化风貌区内144条风貌保护道路，对其中64条道路进行整体规划保护。

因此，在土地资源瓶颈、产业转型、历史文化保护利用的多重压力下，上海开展了一系列的城市更新制度创新与地方实践，取得了较好的成绩，完成了很多优秀的城市更新项目，如愚园路、老码头、安亭老街等，其成功经验十分值得全国各地研究和借鉴。但与此同时，这些改革探索也暴露出很多问题，如土地利用方式依然较为粗放、公私利益界定不明、公共服务设施难以保障落实、历史文化建筑被建设性破坏、原有居民的社会网络断裂、城市更新项目周期过长、更新的经济激励不足导致社会资本积极性较低等，需要进一步寻找制度变革的方向和举措。

# 2.2 上海城市更新演进历程

不同于中国其他城市在更新早期的自发探索，上海作为中国现代城市规划的起源地，其有计划的城市更新甚至可以追溯到19世纪中叶。改革开放以后，上海的城市更新活动也在全国起步较早，并且一开始便与城市规划体系紧密联系，从最初着重解决住房问题，逐步上升为解决土地资源瓶颈和完成产业转型的城市发展战略。从19世纪40年代开埠至今，上海的城市更新历程大致经历了解放前、计划经济时期、住宅改善时期、转型和城市综合发展战略期几个阶段。

19世纪40年代上海开埠，由于优越的地理位置等因素，逐步发展为当时的世界级城市，工商业和运输业都很发达，但在走向现代化大都市的过程中，原先老城市空间和新功能之间的冲突也日益显著，从而引发了大量的城市更新活动。由于当时特殊的历史时期，上海市内租界林立，缺乏统一管理，早期的更新活动大多是各租界内独立完成，规划建设各自为政，片区之间交接生硬，缺乏上层规划。由于缺乏文化保护意识，大片的老城被完全拆除，在上面新建商业、办公、厂房、仓库等各类现代功能空间。同时，伴随着城市发展城市人口也开始激增，上海市的人口规模在1880年突破100万，1930年增至300万以上，到1945年，更是达到了600万。激增的人口与匮乏落后的居住环境产生了严重的矛盾，催生了大量居民自发的里弄改造，低层院落被大量加建，成为一种联立式的结构。

种种因素都在反向推动城市总体规划的推行，抗日战争胜利后的上海市政府也开始对城市的总体发展进行构想。上海市政府三次组织编制的《大上海都市计划》，反映出政府已经明确认识到了快速城市化产生的一系列问题，比如城市中心区过于密集、物质空间老化、平民居住条件恶劣等，在《大上海都市计划》中提出了"卫星城镇""有机疏散"等规划思想，为城市更新活动在宏观层面提供了理论依据和政策导向。

1949年10月1日中华人民共和国成立，从新中国成立到1978年改革开放，我国经济体制主要施行计划经济。这个时期上海市提出逐步改造旧市区，严格控制近郊工业区并有计划地发展卫星城镇的城市建设方针。之后又提出改善风貌地段、拆迁住宅建设、改建道路、改善交叉口、扩建市政基础设施等工作重点。但由于新中国成立初期政府财政紧张，以及国内外一系列事件影响，真正得以落实的项目并不多，主要是一些重点城市公共设施，如厂场、公园等，同时将部分棚户区进行改造，建设新住宅。20世纪90年代全国有很多危旧房屋，但几乎都没有改造，因为改造一片危旧房动辄需要几亿、几十亿甚至上百亿的资金成本。当时的上海差不多四成的住宅都是危旧房和棚户区，上海率先实行旧城改造规划、土地批租制度、外商及各种企业投资竞标三位一体的机制，解决了这个重大问题，此方式也逐步推广至全国。这一时期的城市更新主要是通过自上而下的强制性行政命令来完成，由于是政府强制推行，比起投资收益更关注民生等问题，当下城市更新中较为突出的问题如各方利益矛盾、经济成本、回报周期等也并未凸显。

随着改革开放拉开序幕，1978年的中央城市住宅建设会议正式启动了全国住房改革，上海市政府响应中央指示精神，指出上海市要将"住宅建设与城市建设相结合，新区建设与旧城改造相结合，新建住宅与改造修缮旧房相结合"，并主要通过"棚改"等城市更新措施来解决当下城市居民由于住宅短缺导致的人均住房面积较小、环境质量较差等问题。而为了提高效率，旧城改造工作秉持着相对集中、成片改造的原则，自此开始直至2000年前后，上海市开启了近20年的大规模住房改善运动，大幅提升了居民的居住条件。

由于政府资金有限且效率较低，单凭政府推动难以满足快速增长的人口及居住需求，因此引入社会资本参与、提升效率势在必行。首先要从制度上为社会资本参与旧城改造提供支持，在此背景下，1987年上海市出台了《上海市土地使用权有偿转让办法》，扫清了制度障碍。随后为响应旧城改造工作相对集中、成片改造的原则而提出"365棚改计划"，对全市范围内成片的棚户区进行整体拆迁重建。同时，1993年伴随着分税制改革，上海市也颁发相应政策，使上海下属区县有权保留批租土地经济所得的权利，这一改革极大地调动了下级政府参与旧城改造的积极性。经过一系列的改革挑战，由政府负责拆迁安置、产权收拢、土地一级开发、评估出让，而开发商负责重建、销售盈利的模式基本确立，在政策指标和经济利益的驱动下，大量新建住宅项目启动，在短时间内极大地改变了上海旧区的城市面貌，并很大程度上解决了居民住房短缺的问题。这一时期除应对居民住宅问题外，随着改革开放上海城市的总体定位调整问题也摆上桌面，1986年编制的《上海市城市总体规划》中指出，上海要从此前以工业为主的内向型生产中心城市向多功能的外向型经济中心城市发展。因此，城市的功能结构需要重构，城市中心需要由单一的行政管理职能转向办公、商业、文化、休闲娱乐等综合功能，而中心城区的大量历史遗留工业区恰好为植入新功能供给了必需的土地资源。同时，这些工业企业多为国有，私企也产权相对单一，极大地降低了拆迁意向和安置问题的难度，因此相比老居民区的拆迁周期更短、成本更低，也就更能吸引社会资本的青睐。

上海市2000年编制的《上海市城市总体规划（1999—2020年）》体现了政府对城市更新工作的新思路，过去的城市更新工作虽然取得了很大的成果，也有很多值得反思的地方。在反思的基础上提出的新规划，表现出此后上海城市更新工作的新特点：首先是城市规划对城市更新的引导作用趋于强化；其次是扭转大拆大建的理念；最后是对老城区历史文化保护的高度重视。

在城市规划的引导方面，上海市在城市总体规划的基础上实现了上海中心城区控规全覆盖，中心城区的城市更新工作要受到总体规划、分区规划、控制性详细规划的引导和监督。

在扭转大拆大建方面，上海在总结了"365棚改计划"的经验与教训后，于2002年开启了新一轮的旧区改造。相比此前的整体拆除，开始逐步重视老建筑中包含的历史文化价值，因此针对现状建筑的不同情况提出了有针对性的"拆、改、留、修"四类更新方式：对结构较差、环境杂乱的旧建筑进行拆除重建，是为"拆"；对结构基本能满足要求、功能较不完善的旧建筑进行补强结构、完善功能的改善性改造，是为"改"；对那些具有历史文化价值的老街及老建筑则应予以保留，并对破损部分进行保护性修复，是为"留"和"修"。考虑到旧建筑不是孤立的，而是和周边环境相融合，随后上海市政府又发布相关政策，推动单体改造与整体片区改造相结合。同时，完善机制鼓励老建筑内使用者自发申请更新，疏通自下而上的城市更新立项渠道，在更新过程中为了保障原使用者权益，对拆迁补偿安置等事宜要求开启二轮征询，若同意更新补偿方案的业主超过规定比例则项目方可实施。

在老城区历史文化保护方面，2003年《上海市历史文化风貌区和优秀历史建筑保护条例》的施行，标志着旧城更新中的历史空间保护终于有法可依。随后一两年内接连发文并开展历史风貌区保护规划的编制，划定了"应保尽保"范围，体现出政府对历史风貌建筑保护的高度重视。20世纪90年代末，诸如新天地、田子坊等一

图2-1　上海新天地

图2-2　上海田子坊

批涉及历史文化保护的城市更新项目的成功也是促使上海市对这方面产生重视和获得经验的关键。总体来看，进入21世纪后，上海城市更新的工作思路在各个方面都发生了重大变化，开始从单纯强调指标和效率的旧城改造转为综合考虑社会、经济、文化的综合性城市更新。

上海第六次规划土地工作会议于2014年召开，会议上提出上海规划建设用地规模要实现负增长，通过土地利用方式转变来倒逼城市转型发展。这标志着上海的城市更新不再只是应对土地紧张的手段，而成为促进城市转型、提升城市环境的重要途径，上海的城市更新比起指标和效率将更加注重品质和活力。同年10月，在上海召开的首届世界城市日论坛上，上海市政府提出了15分钟社区生活圈的概念，并将其纳入《上海市城市总体规划（2017—2035年）》，明确其规划要求。社区生活圈概念的提出主要是为解决快速工业化所带来的大城市病，缓解经济产业转型、人口流失、老龄化和少子化等一系列社会问题的压力。在"后疫情"时代，社区生活圈还凸显了应对未来发展的不确定性和风险的意义。上海是"15分钟社区生活圈"规划的首倡者，在其示范引领下，北京、天津、广州、南京等地均开展了相关探索。具有里程碑意义的《上海市城市更新实施办法》于2015年颁布，并在随后相继颁布了一系列配套性规章制度，上海城市更新的专项制度体系初步建成。2016年，上海发布《上海市15分钟社区生活圈规划导则（试行）》，这是全国首个社区生活圈的规划技术文件，以此为基础上海市全面推进相关城市更新实践和社区生活圈建设。而2021年发布的《上海市城市更新条例》更是标志着上海城市更新制度建设的新阶段。

图2-3　上海市15分钟社区生活圈概念示意图

通过对此前工作的经验教训总结，面向新时期的发展要求，上海市政府确立了城市更新的基本工作原则：规划引领、有序推进、实现动态，实现可持续的有机更新；公益优先、注重品质，落实公共要素补缺要求，提升城市功能和品质；多方参与、共建共享，搭建多方参与平台，实现多方共赢。在此原则指导下，城市建设及发展正告别以往的大拆大建，转入以改善空间形态和功能为核心的综合更新阶段。上海市政府设定了四大行动计划及12个重点项目，包含社区微更新、历史风貌保护、休闲空间塑造等，在切实改善城市环境的同时起到一定的示范作用，为后续的更新改造提供宝贵的经验。2017年发布的《上海市城市总体规划（2017—2035年）》要求中心城区从"拆、改、留"转为"留、改、拆"，以保护保留为主，并不断拓展完善保护对象体系。至此，上海的城市更新工作已经成为推动人居环境综合发展的核心动力，成为城市最高发展战略。

由上述可知，由于所处社会发展阶段不同而导致制度差异、理念差异、政府和市场主体的角色差异，使上海城市更新在不同时期表现出完全不同的特点。从演进历程上可以看出上海城市更新的主要转变：首先，参与主体从政府独自完成逐步转变为政府主导下的市场主体、居住方、产权方的多元共治，鼓励社会资本更多地参与并尽力保障原居民的权益；其次，逐步摒弃此前增量时代的大拆大建，转向因地制宜的多措并举，"拆、改、留"变为"留、改、拆"，从政府自上而下地制定更新计划逐步转为产权人自发申请的双向对接；再次，更新目标也从一味追求效率的增加住房供给，转为全局视角下以促进城市全面发展为主要目标；最后，城市更新配套制度的逐步系统化、专业化、精细化，为城市更新的发展铺平道路。此前的规划及建筑制度体系主要是以提升增量建设效率为导向，而城市更新则完全是另一种实践方式，在近些年的实践中，制度与实践的不匹配也造成了很多问题，而好的制度可以让更新改造事半功倍、大幅缩短项目周期从而提高社会资本参与的积极性。上海市以《上海市城市更新实施办法》为基础不断拓展出新的政策法规，2021年8月25日上海市第十五届人民代表大会常务委员会第三十四次会议通过的《上海市城市更新条例》（2021年9月1日起施行）标志着上海的城市更新制度建设进入了一个新的阶段。

当前上海城市发展更加强调城市文化内涵的延续，更加重视社会、经济和环境等综合目标的建立。核心条例与后续出台的相关配套文件，共同组成了上海城市更新完善的法规体系。这些文件的出台，标志着上海进入以存量开发为主的"内涵增长"时代，为全面开展城市更新工作打下了坚实的基础。

# 2.3　上海城市更新机构设置

2018年10月，中共中央、国务院正式批准上海市机构改革方案，组建上海市规划和自然资源局。上海市规划和自然资源局内设置了详细规划管理处（城市更新处），主要承担控制性详细规划的管理工作，以及城市更新相关政策的研究、实施和指导工作。2019年11月，上海市政府经研究决定，将上海市旧区改造工作领导小组、上海市大型居住社区土地储备工作领导小组、上海市"城中村"改造领导小组、上海市城市更新领导小组合并，成立上海市城市更新和旧区改造工作领导小组，由上海市长担任组长。2022年7月，经上海市政府研究决定，不再保留上海市城市更新和旧区改造工作领导小组，成立上海市城市更新领导小组。领导小组下设办公室（设在市住房城乡建设管理委），负责城市更新日常工作。领导小组办公室下设旧区改造、旧住房成套改造和"城中村"改造工作专班。

2024年10月，上海市政府调整设立上海市城市更新领导小组，在工作中可以上海市"一江一河"工作领导小组名义开展工作，不再保留单独设置的上海市"一江一河"工作领导小组，上海市城市更新领导小组下设办公室（设在市住房城乡建设管理委）。强化了城市更新与"一江一河"（黄浦江、苏州河）区域发展的协同性，其动态调整机制也体现了上海市政府对城市发展需求的快速响应能力。

# 2.4　上海城市更新的实施路径

上海在进入21世纪后，总结了20世纪90年代一系列大拆大建的经验教训后，开始逐步转向多方参与、历史保护、多尺度、多类型的城市更新运作，"减量增效，试点试行"开始成为核心理念，政府领导、以市场为主的新模式逐步确立，政府和市场双向并举。2021年《上海市城市更新条例》发布前，上海的城市更新政策核心是《上海市城市更新实施办法》，该政策相比深圳等城市，对城市更新的定义范围相对较窄，物业权利人提出的自主更新是其施政重点，而开发商主导的更新通常不在该政策覆盖的范畴内，也就无法适用城市更新的一系列相关政策。因此，在政府引导下以项目试点探索更新路径，便成为上海城市更新试探期的必然选择。

上海城市更新实践自开埠之初就开始展开，改革开放后改造活动更加活跃，其中老旧住宅的拆迁重建和老工业建筑的更新是重要的组成部分，这一方面是由于政府关注、投入力量大，另一方面也是相关政策较为完善，但商业、商办类用地更新则长期缺乏政策。此外，产业类用地更新受政策波动影响较大，住宅类用地更新由于拆迁成本急速攀升导致资金匮乏，并且不同类型的城市更新活动之间缺少统一的政策统筹平台，种种问题都倒逼城市更新的制度建设。在此背景下，上海开始以城市更新项目试点的方式探索新的更新制度建设途径，为其后出台的《上海市城市更新实施办法》奠定了实践基础。其中，一部分试点通过城市更新促进地区功能与公共服务设施的完善，如建设方提供公共停车位、公共开放空间、公共服务设施以满足公共需要，而政府通过容积率增加和局部用地功能变更的方式对其进行奖励，达到政府、民众、开发商多方共赢的效果；一部分试点则重点关注空间品质提升，整合优化项目周边的公共开放空间、增加公共绿地、提升地区空间品质；还有一部分试点通过政策引导鼓励历史建筑保护，将有价值的历史建筑经评估认定后纳入历史建筑保护目录，列入目录的历史建筑在更新设计时可不计入开发总量指标，在保护历史建筑的同时维护了开发商的权益。

2015年5月《上海市城市更新实施办法》的颁布标志着上海城市更新进入制度和试点并行的新阶段。此后，上海市相继发布一系列配套文件，细化和完善了城市更新的工作流程和技术要求。在完善制度的同时，上海市继续推行试点模式，2016年上海开展"共享社区、创新园区、魅力风貌、休闲网络"四大更新行动，并在四类行动中选取12个重点项目，推行城市更新试点。打造小型公共服务设施、口袋公园、慢行路径、活力街巷等一系列城市"微更新"活动，从各个方面对城市更新进行探索。2017年上海提出要从"拆、改、留并举，以拆为主"转换到"留、改、拆并举，以保留保护为主"，"拆、改、留"三个字顺序转变的背后是上海旧区改造思想的重大转型，充分展现了政府对历史风貌保护的重视和决心。在这一系列实践活动的探索下，上海市于2021年发布了《上海市城市更新条例》，标志着上海的城市更新制度建设从此进入新的阶段。

下面着重介绍上海市基于更新单元的城市更新实施路径。上海的城市更新不需要在全市层面制定城市更新专项规划，更新活动的主要依据为控制性详细规划制定的区域评估报告，以报告为基础划定城市更新单元。在具体实施过程中，更新计划的启动必须以现有物业权利人的改造意愿为基础，在尊重权利人意愿的基础上设定实施计划，其内容主要包括：设计方案、更新主体、权利义务、推进要求等。

更新工作前的区域评估是上海城市更新工作的一大特点，"先评估，后规划"，由主管部门针对特定范围组织区域评估，对区域进行详细摸底，如公共服务设施建设情况、功能是否满足使用需求等，据此划定城市更新单元。更新单元是编制城市更新实施计划的基本单位，最小可由一个街坊构成。同时明确公共要素清单，后续的更新设计必须对公共要素清单中需继续补足的公共要素进行补充。到了实施计划阶段，需确定城市更新主体，由其组织编制城市更新项目意向性方案，开展对意向性方案的公众意愿征集，在融合公众意愿后编制城市更新单元建设方案，并经过公众参与方可确定最终建设方案，然后落地建设。上海城市更新单元的实施不像深圳等城市一样需按批次纳入年度计划，实施计划通过后就可以立即实施。

上文多次提到向公众征询意见，对公众参与的重视也是上海城市更新的特点。《上海市城市更新实施办法》中明确规定了区域评估和实施计划两个阶段都必须有公众参与：区域评估时应征求利益相关人和社会公众的意见，充分了解本地区的城市发展和民生诉求；城市更新实施计划也应依法征求利益相关人和社会公众的意见，鼓励市民参与到具体实施计划的编制工作中。在确保效果方面，政府对更新项目也实行土地全生命周期管理，在土地出让合同中明确更新项目的功能、运营管理、配套设施、持有年限、节能环保等一系列要求，对开发时序和进度安排等也有规定，确保民众利益得到保障。

除了保障民众的利益，对于更新主题，上海采用公共利益导向下的城市更新政策激励。对于能够提供公共设施或公共开放空间的项目，可予以容积率奖励，如能同时提供公共设施和公共开放空间，则叠加给予容积率奖励。此外，更新单元内部可以进行容积率转移，如果地块内有列入历史风貌保护目录的保护建筑，其面积可不计入容积率；如果一个地块保护建筑较多而无法将容积率用足，则可将多余的建筑面积指标转移至更新单元内的其他地块，从而避免更新主体利益受损。

上海还通过举办城市设计挑战赛这种小成本、大收获的方案咨询手段来作为上海城市更新实践的有益补充。城市设计挑战赛向全球征集指定城市地段的城市设计方案，从2016年开始实行，每年收获来自全世界产、学、研单位甚至一般民众的大量投稿，集社会各界众智群策群力，同时也在国际上宣传了上海，并提高了民众对自己城市的关注与热情。赛事由政府主办，高校和专业机构承办。为了公平起见，竞赛将参赛对象分为专业组和公众组：专业组面向设计从业者、建筑规划相关专业的高校学生和教师；公众组针对非相关专业但对上海城市建设具有热情的一般民众。赛事从选题到选址都鼓励探索城市更新的新思路，在校生没有现实的束缚更能打开思路，而普通民众则提供了全新的视角，因此举办至今收集到大量创新方案，很好地滋养了上海的城市更新实践。

# 2.5　上海微更新活动概述

多种方式、多渠道的城市更新试点及各类活动是上海开展城市更新的有效途径，而以微更新为主的"小步慢跑"一直占有重要地位。通过一系列微更新活动，为后续全面的城市更新总结经验。"行走上海""缤纷社区"等一系列社区微更新在提升社区环境的同时完善社区各类配套设施，社区规划师制度则为这些活动提供技术支持并提高政府与民众之间沟通的效率，让社区设计形成"自上而下"与"自下而上"的紧密结合。各类活动与制度互相促进，让上海的城市更新稳步提升。

2016年上海市规划和国土资源管理局组织开展了"行走上海——社区空间微更新计划"，该计划的主要目的是激发公众参与社区更新的积极性，以实现社区治理的"共建、共治、共享"。计划每年选取数个社区微更新试点，以公益活动的形式展开，由志愿设计师带领居民一起改善自己的居住环境，增强居民的参与感和归属感。改造费用主要由政府承担，志愿设计师也由政府提供补贴。通过多年实践逐步形成了稳定的工作路径：先筛选试点，主要是小区广场、小区绿地、街角小公园、修车摊、垃圾房、社区街道、公共艺术品等一系列社区微环境；然后发布任务书向社会征集方案，之后通过评审确定方案并实施。同时搭建社区居民、专业人士、政府工作人员等共同参与的工作平台，促进社会各方共同探索社区微更新路径。

2016年上海市开展了"浦东新区缤纷社区更新规划和试点行动计划"，简称"缤纷社区计划"。计划创新地提出了"1+9+1"工作框架，即一个社区规划+九项微更新+一个互动平台。一个社区规划即对社区整体进行更新改造的规划设计，针对整个社区现状提出改造方向，使各个微更新之间有总的把控。规划由浦东新区规划和土地管理局牵头，以街道为单位，组织编制区域评估和社区规划，一个社区规划对应一个街道，打造更加便捷、更加人性化的15分钟社区生活圈，完成"一张蓝图"的工作安排。九项微更新即与居民生活密切相关的九类主要公共要素更新，一般多为与居民生活息息相关的小尺度公共空间改造、公共服务设施建设、公共绿化增加、交通网络优化、彩色跑道花园设置、住宅山墙巨型彩色墙体画绘制等，包括：一条街道、一系列街角广场或口袋公园、一条慢行路径、一个设施复合体、一至两个艺术空间或广场、一至两条林荫道、一至两个运动场所、若干破墙开放行动和若干文化创意活动。一个互动平台指的是"缤纷内城漫步浦东"的微信公众号，为公众的参与提供支持。设计师、居民、媒体、高校师生等群体纷纷参与行动中，截至2018年9月，"缤纷社区计划"已完成84个项目，为全市推广形成了丰富的实践经验。

上海首创"社区规划师制度"，2018年将同济大学建筑、规划、景观等相关专业的12位专家聘为杨浦区社区规划师，充分利用了区内优质的建筑规划类教育资源，使社区更新有了专业技术支持，提高了各方的沟通效率。随后其他各区纷纷跟进，除了聘请高校教师，多位业内资深专家也被聘请担任社区规划导师，为提升社区空间品质出谋划策，以专业技术力量引领社区微更新。社区规划师制度的重要意义除了通过与专业规划师的合作提高公共空间建设水平，更重要的是由专家到社区组织居民参与规划设计，形成"自上而下"与"自下而上"紧密结合的社区设计新模式。该制度取得良好效果后，全国多地纷纷效仿，推行社区规划师制度，助力城市更新。

图2-4　上海社区微更新——口袋公园

图2-5　上海社区微更新——都市农业

图2-6 上海社区微更新——休闲长廊

# 2.6 上海城市更新的经验与反思

相比其他城市,《上海市城市更新实施办法》对"城市更新"定义较窄,主要针对政府倡导和物业权利人自发申请的更新项目,而由政府认定并主导的大片旧区改造、工业改造、城中村改造等均不在其管控范围内,因此前期的实践主要聚焦在一些老旧商业办公建筑的功能转换与完善、小区环境等的改造更新、公共空间品质的提升上。2021年通过的《上海市城市更新条例》(2021年9月1日起施行)中所称的"城市更新"是指:"在本市建成区内开展持续改善城市空间形态和功能的活动,具体包括:加强基础设施和公共设施建设,提高超大城市服务水平;优化区域功能布局,塑造城市空间新格局;提升整体居住品质,改善城市人居环境;加强历史文化保护,塑造城市特色风貌;市人民政府认定的其他城市更新活动"。相比此前,范围更广,适用性更强。

## 2.6.1 上海城市更新经验总结

上海城市更新采取了适应自身条件的制度建设与试点行动相结合的路径,通过"小步慢跑"的试点实践来为制度建设提供经验,再用不断完善的制度来引导实践。

总体来看，上海在城市更新上取得了很大的进展，其经验值得全国各地总结借鉴。

### （1）主题化城市更新试点活动与城市更新政策体系建立互相促进

上海反思20世纪90年代旧城改造工作大拆大建的不足，逐步转变对城市更新的认识，开始关注城市更新对空间综合品质提升的重要性。这期间多项政策文件都体现了这种思路的转变，如主张"拆、改、留、修"多措并举，变"拆、改、留"为"留、改、拆"，并通过一系列举措探索政府与市场双管齐下的更新方式。《上海市城市更新实施办法》的颁布及相关政策规定的细化与完善，标志着上海城市更新制度建设进入新阶段，而城市规划对城市更新的引导作用也趋于强化，并全面保障城市更新实践的开展。在具体实践上，上海市采用了试点试行的更新方式，由政府组织制定主题性的试点计划。近年来，上海也积极倡导城市微更新，开展了诸如"行走上海""缤纷社区"等诸多行动，以较小的成本实现了城市局部空间的激活与较大的社会影响与成效，其过程中积累的经验成为相关制度更新完善的基础，而不断完善的制度体系又进一步推动了城市更新实践的开展，这种经验很值得借鉴与推广。

### （2）用区域评估和公共要素清单控制城市更新设计

上海市为了使城市更新过程中公共利益得到保障，设计了区域评估机制、公共要素清单、更新单元规划的"三步走"机制。区域评估由主管部门对更新地区进行各方面的详尽调研，如公共服务设施建设情况、城市功能完善度、公共活动空间数量、历史风貌情况、生态环境状况等是否满足需求等。对更新地区明确提出缺少并需要补充的公共要素相关要求，称为公共要素清单，此清单也是后续设计的重要依据。通过此方式，政府部门在不干涉具体城市更新设计的前提下也能维护公共利益。

### （3）制度化的公众参与机制

通过平台搭建及城市设计挑战赛等方式提升大众对城市更新活动的参与度，并保障公众利益。首先，在区域评估过程中便高度重视项目所在区域的公众意见，并将公众参与常态化、制度化。主管部门在区域评估阶段就地区发展目标、发展需求和民生诉求等方面以线下问卷调查及访谈、网络征集等方式广泛征询公众意见；其次，实施计划阶段则通过搭建沟通协作平台，让物业权利人与相关民众对项目意向性方案畅所欲言，充分发挥主动性，确保最终实施方案对公众利益的保障并逐步提高市民社区自治的能力。

### （4）容积率奖励和转移等激励政策

除了公共要素清单中所列的最低限度外，为了鼓励城市更新主体主动提供更多的公共设施或公共空间，上海城市更新在用地性质转变、高度增加、容量提升、地价补缴等方面设定了相应的奖励措施，如更新单元内因特色风貌和历史文化传承而被保留的建筑物，可全部或部分不计入容积率。而由此带来的地块内容积率无法充分利用的问题，可通过将未使用面积转移至同一更新单元内其他地块来保障更新主体的经济利益。同时，为激发多元化改造主体的参与热情，上海目前还在既有政策基础上适度放宽了对物业持有比例、市区收入分成等的要求，在大的框架内尽可能灵活安排，最大限度地吸引市场主体参与城市更新。

## 2.6.2　上海城市更新问题反思

从上海目前实施的城市更新实践情况来看，并非所有项目都一帆风顺，也有一些项目未能达到预期的效果。此外，部分试点特殊性较强，很多关键问题都必须"一事一议"，经验推广的潜力小，且大量的"一事一议"耗时巨大。因此，如何推广试点探索的相关经验，使城市更新活动全面展开、逐步实现，是上海城市更新目前面临的挑战所在。此外，近些年各类实践中暴露的一些其他问题也值得反思。

### （1）城市更新制度体系仍有待完善，且制度适用面较窄

虽然上海是国内最早一批将城市更新制度化的城市，《上海市城市更新条例》的颁布也标志着制度体系建设的进一步完善，但现有制度体系在政策配套、技术标准和操作指引层面还需要更加精细化和完善化。如：城市更新项目由于历史原因，在现状限制下很难满足现行的防火、无障碍、绿地率等一系列规范要求，由于缺乏与相关规范的协调对接，城市更新项目特别是历史街区更新时常会因为不符合法规而难以落地，或者需要很多的"一事一议"，导致时间周期过长，错过市场机遇并使开发主体难以承受其高昂的时间成本。上海以试点推进城市更新取得了很好的效果，下一步是要将试点中的成功经验转变为法规政策与制度保障，使后续的同类项目不必在规范问题上受制。而且《上海市城市更新实施办法》适用范围较窄，仅适用于"本市建成区中按照市政府规定程序认定的城市更新地区，已经市政府认定的旧区改造、工业用地转型、城中村改造地区，按照相关规定执行"。这种分割造成了大量实质上的城市更新活动得不到城市更新制度的指导，也使整体制度建设碎片

化和缺乏统筹，让更新主体无所适从，无法简便快捷地开展实践探索。《上海市城市更新条例》的颁布改善了这一情况，但城市更新主管部门仍需对更多类别的更新工作进行全面管理与整体统筹，将所有改造情形逐步整合在一起，形成更为综合的城市更新制度框架，完善城市更新的系统平台。

### （2）城市更新项目周期普遍过长，且激励措施力度有限，导致对市场吸引力不足

由于独特的更新流程以及各环节都已制度化的公众参与机制，导致上海的城市更新周期普遍很长且工作非常烦琐，尤其是在评估、立项、规划编制和调整等流程中耗时更是以年计，影响了城市更新的总体效率和参与市场主体参与的积极性。城市更新的协商过程虽然有制度保障并建立了官方沟通平台，但议事过程往往需要在具体实践中摸索，缺少政府、组织实施机构、更新主体、相关权利人等之间的高效沟通机制。对于很多城市更新项目来说，还需要同步调整控规或详规（周期以半年计），这个过程需要付出大量的时间和人力成本。许多项目由于更新主体难以承担这种成本而使项目搁浅，目前大量成功实施的试点更新项目的更新主体多为国企背景，民间资本介入困难，使更新活动很难大范围展开。城市更新逐步实现更好的跨部门对接与行政简政十分必要。此外，在激励措施方面，更新制度虽然明确提出了"建筑容量奖励"，规定可以通过补充公益性设施、提供开放空间等举措来换取一定比例的空间增容奖励，但其中可予以建筑容量奖励的公共要素类型比较少，实现起来较为困难，而容积率奖励又设置了一个较低的上限，使更新主体对此兴趣不大。可适当放宽奖励条件并提高奖励上限，在保障公众利益和社会公平的前提下更好地调动更新主体的积极性，让城市更新得到更好的推广。

## 2.6.3　结语

综上所述，上海通过制度建设与城市更新实践互相促进的方式取得了一定的成效，不仅高效集约地利用了土地、优化了居民人居环境、完善地提升了城市功能，还在历史文化保护和社会关系塑造等方面取得了积极的效果。但总体上看，存在着制度适用范围窄、项目周期长、激励有限等问题，导致实践主要集中在拆除重建或全面改造类增值收益明显的项目，以及一些以政府投入为主的微更新项目上。项目完成的情况也与预想存在一定差距。因此，总结这些项目实践过程中的得失，对于上海及其他城市推进城市更新制度建设及实践具有重要意义。

# 第3章
# 上海城市更新案例

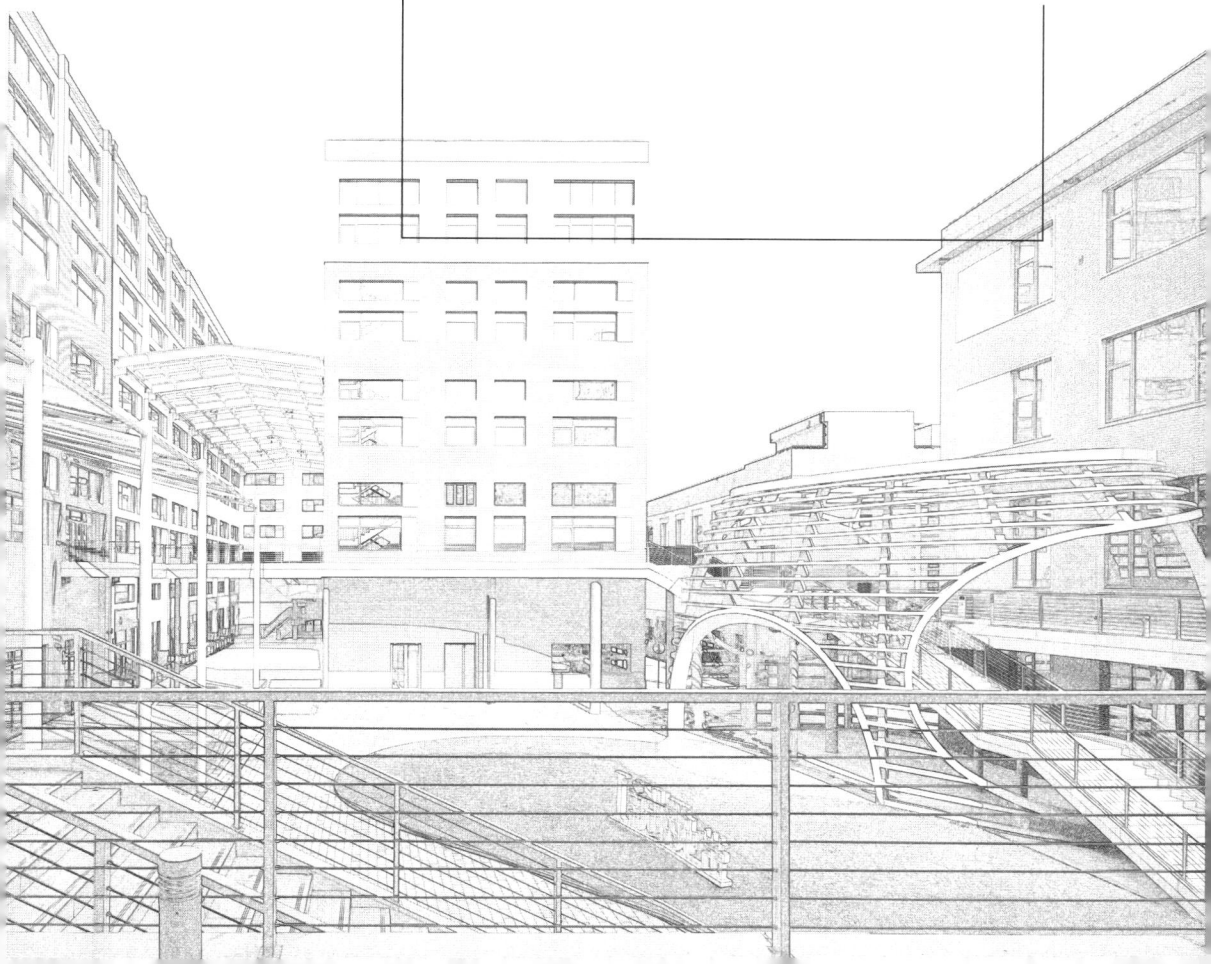

# 3.1 老码头二次改造更新项目

**项目地址：** 上海市黄浦区中山南路505号
**项目规模：** 项目用地面积约16000平方米；总建筑面积约30000平方米
**项目业态：** 商业/办公

图3-1 老码头二次改造更新项目实景

## 3.1.1 项目背景

工业建筑遗产的更新利用是城市进入存量建设时代需要解决的关键问题。近代工业见证了上海从小渔村逐步成为一个超级大都市的完整历程，其工业建筑空间绵延广阔，从开埠之初最具地理优势的沿江码头到较为封闭的内陆地区，地缘优势与土地成本最终形成了上海近代工业的版图。在城市更新成为主题的当下，对工业遗存的利用很大程度上决定了该区域未来发展方向，工业建筑遗产的更新利用也不再仅局限于实体本身的修复，而是呈现出跨界趋势，将文化和历史、时代与生活的各类元素统一纳入发展框架之下。

老码头位于上海南外滩中山南路复兴东路渡口至董家渡渡口段，与外滩人行景观步道仅一路之隔，与陆家嘴隔江相望。这里曾是老上海十六铺码头的所在地，是当年渔民维持生计的场所，遍布着码头仓库和生活配套。"十六铺"既是邮船码头的代名词，又是货物商品的集散地，是上海当之无愧的名片之一。此地的发展更是与上海的整体规划紧密相连。随着时代变迁，20世纪这里改为上海油脂厂，此后伴随着城市产业调整，此处的建筑逐渐闲置。

自2000年十六铺码头的班轮全部迁至吴淞口客运码头起，上海市政府对其进行了多轮局部改造。此后为了迎接2010年上海世博会的召开，十六铺的综合改造全面展开，重点发展休闲娱乐、旅游观光和商务功能。

2007年老码头完成了一轮翻修和功能调整，在维持原有建筑空间布局的基础上，将已经破旧不堪的锅炉房、职工澡堂和厂房进行修整和功能重置，并在中心广场增加了一栋全新的海派石库门建筑及水池，统一了风格面貌，使其成为上海的

图3-2　老码头区位

城市景点之一。第一轮租期为10年。原业态以餐饮为主，但随着日常生活的日渐丰富，人们对物质生活的需求越来越高，同时由于配套设施及区位的限制，办公部分的租金收益不高，老码头再次面临升级的需求。2017年，老码头重新整合内外内容资源，调整场地配置，进行二次升级改造。设计团队基于上海南外滩地区规划，坚

图3-3　改造前场地

图3-4　改造前街景

图3-5　改造后街景

持"控制绿化轴线、保持历史肌理"的设计原则，新园区以文化创意为核心功能，在原有商业休闲产业的基础上，加强文化创意及设计企业的引入。升级后的老码头将成为周边年轻人的艺术公园、时尚秀场、工作室、休闲场所。

### 3.1.2 整体定位及改造措施

#### （1）新腔调

此次改造通过将一部分空间改为策展功能，通过不断地更新内容来吸引人群。老码头通过壹号秀场、城市广场、各类演绎空间的设置，为各类活动提供了良好载体。在活动选择上，以年轻、前卫、潮流为关键词，让老码头成为年轻人感受都市新生活方式的首选。

2019年4月老码头二次升级改造完成，壹号秀场及部分商店开始营业，各类活动在此轮番开展。当年6月，权威家居杂志《安邸AD》选择在老码头举办2019 AD100颁奖典礼暨《安邸AD》创刊八周年盛典；风靡全球的"油漆未干WET PAINT"潮流艺术巡展也在当年8月到老码头举办，将前卫街头艺术融入老上海气质的建筑群中；2019年10月，老码头则迎来了参加第二届野餐艺术节的国内外百余家艺术单位，他们在这个江边的城市广场上轮番开展"现场单元、行为表演、艺术家餐厅"等不同主题的活动，内容涵盖漫画、插画、设计、影像、文字、音乐、装置、VR、木偶剧、行为艺术、现场表演等，还举办多场公众讲座，为老码头注入了崭新而非凡的活力。

图3-6　2019 AD100颁奖典礼暨《安邸AD》创刊八周年盛典场地

图3-7　野餐艺术节2019

图3-8　"油漆未干WET PAINT"潮流艺术巡展

　　老码头以新腔调上演新时代都市的时髦生活新方式。在江边的秋风中，百年前的老码头焕发出全新的年轻活力！

## （2）新内容

经过多年发展，城市公共空间的改造更新早已不再是配合功能置换进行简单的建筑修复与装饰。老码头在功能布置中引入了"产学研展商"一体化概念，把大平层或竖向多层空间这类此前不容易被单一市场主体消化的空间产品，改为一种融合了零售、展览、研发等复合功能的新空间产品，从零售到展示再到办公，入驻者在一个连续的空间内即可全部实现。

按此概念升级改造后的老码头，吸引了国际家具设计制造商DECCA达艺家私、荷兰烘焙世家BROKKING、主打品花研茶的地山公社等复合功能商家的加入。同时，创意产品工作坊、先锋艺术家工作室及复合型商务办公等也纷纷加入，成为老码头业态的重要组成部分。

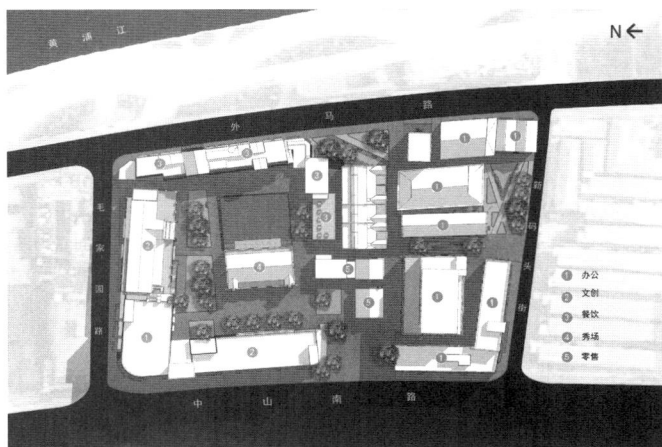

图3-9 老码头总平面图

图3-10 内部功能布置示意图

图3-11　壹号秀场室内举办活动实景

内容的转变带来了使用人群的年轻化，大量的创意工作者、跨界自由职业者、独立品牌主理人，均可以依托核心办公灵活开展其他活动，区域内大量的活动、展览及公共讲座为人群的接触、交流创造了充足的条件。这种频繁的交流带来的是更多的机会，各类人群在其中交流心得、资源互换。

园区中的壹号秀场，由一个把城市居民阻挡在外的高端会所变为一个不断尝试多样性的快闪文化空间。作为老码头的核心，一开放就吸引了各类艺术展览、品牌大秀；作为一个内容引擎，其源源不断的活动带来了大量的人气，反过来推动园区不断对自身内容进行更新。其前方的大片水面是老码头的空间亮点，凝聚了场所的气质和风度，改造中将原先深入水面的长条形T台拆除，将水池面积最大化，打造出动人的亲水界面，有活动时可方便地用内置设备将水抽干，成为室外舞台。其内部空间也通过结构改造变得更加宽敞明亮，满足多种使用需求。

基于空间模式的转变，商务、旅游与文化创意的界限被模糊，公共空间场景也被重新定义。曾经的户外广场成为入驻团队的灵感来源，而以往封闭私密的办公场所正以开放的姿态欢迎好奇的居民与游客。

### （3）新空间

在此次改造中，老码头除了在内容和活动上做出亮点，建筑空间的塑造也是项目被大众广泛接受和喜爱的基础。老码头不仅是一个城市景点，也是跟周边街区一起生长的生命体。

在此次老码头二次升级改造中，建筑师受"多孔性理论"启发，致力于将园区打造为一团向周边城市开放、拥有无限潜力的海绵，虽拥有边界，但有大量的开口，内部与外部空间变得更加有机，为人们的活动提供无尽的可能。多孔性理论的出现基于多元化的大时代背景，数字技术的发展使建筑师突破了以往的建筑设计思路，人们对开放的、动态的空间的崇尚达到了空前的高度，建筑师的视野不再局限于项目本身，而是从城市和生活的视角进行设计。

老码头的场地占满了整个街区，四面环路，设计团队谨慎分析并优化了老码头对外的多面"孔隙"，丰富的开口设计使人们不自觉地进入其中并到达核心地带。而各种景观、装置、休闲设施则布置在开口及路线之上，吸引人们接近并适宜停留。

图3-12  老码头鸟瞰

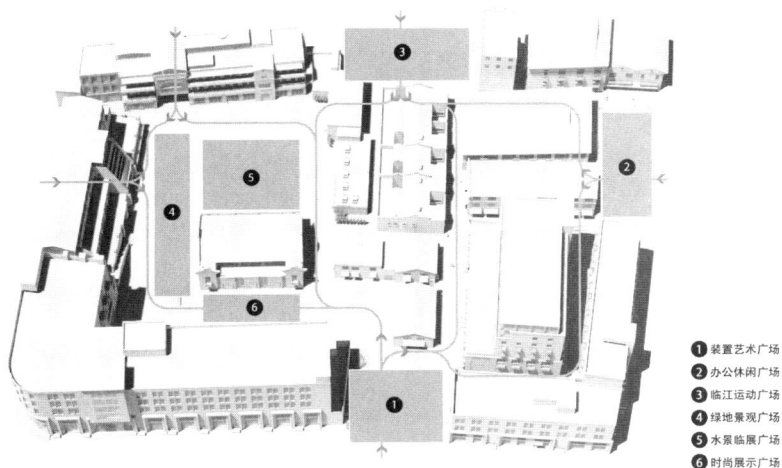

❶ 装置艺术广场
❷ 办公休闲广场
❸ 临江运动广场
❹ 绿地景观广场
❺ 水景临展广场
❻ 时尚展示广场

图3-13  多孔城市空间示意图

通过对特定空间节点的放大和精心设计，达到聚集人气的作用，无论周边居民还是游客，都能自由地在其中徜徉并使用设施，感受园区的魅力和趣味。

图3-14　景观细节

## （4）新外观

老码头项目的建筑改造以装饰加固为主，对原有砖石立面改造进行装饰时，提取了上海本地"石库门"的意向，通过对石库门老建筑的样式、材质及比例的借鉴，提升了周边居民对建筑的身份认同感并为场所注入记忆性，使老码头项目成为海派建筑名片之一。

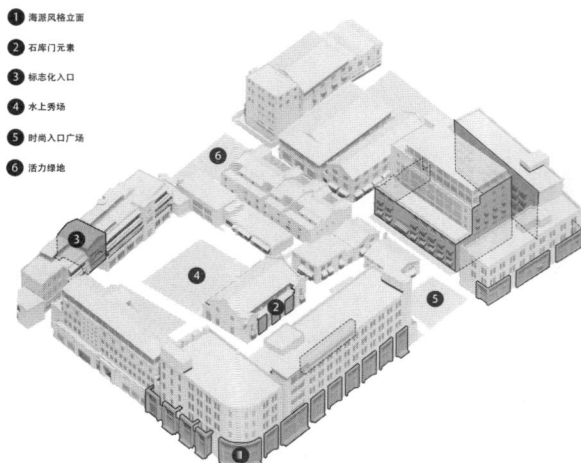

① 海源风格立面
② 石库门元素
③ 标志化入口
④ 水上秀场
⑤ 时尚入口广场
⑥ 活力绿地

图3-15　建筑造型及景观分布示意图

图3-16　建筑外立面实景

图3-17　增建部分的立面
实景

改造加固的砖石结构以体现石库门主题为主，而在增建部分则更多运用了玻璃与金属等现代材料，让新旧之间产生张力，玻璃、钢材、面砖、石材、涂料的精巧结合与运用，让建筑在拥有老上海味道的同时融入了现代风格。大面积玻璃窗和玻璃幕墙的运用也使视线更具穿透性，增强了室内外空间的互动。

大面积的红砖则是整个老码头项目的基调，对红砖仅进行修整美化，使其依旧作为项目主基调传承整体气质。临街入口还保留了原先建筑立面上的航海元素，给人一种独特的空间氛围。

为了增强项目的标志性，沿中山南路的街边设置了一个巨大的"老码头"标识，用像素化的字体体现出全新老码头的年轻、现代风格。

图3-18　入口标识

图3-19　夜景照明

图3-20　石库门主题样式

图3-21 外立面照明

在很多其他细节中，同样体现了设计的周全：在夜景照明中，刻意降低外立面总体照度，在山花等关键部位进行重点照明，使重点更突出，也让店铺的室内照明更加吸引人。在对建筑进行更新改造的同时，设计团队还设计了一整套标识系统，包括文字标识的灯光等都进行了单独设计，使整体夜景效果生动、自然、重点突出。

通过以上改造，整个园区形成一种传承、融合、创新的风貌。

### （5）新理念

用户思维、平台思维、快速迭代，这些互联网时代的词汇逐步向各行各业渗透，打通设计与其他行业的底层逻辑才能更好地解决甲方、使用者的各项需求。

老码头在更新设计中提出一个新理念：将建筑看作一款APP，通过升级内容和体验，让更多人重新认识这里、享受这里，感受它带来的全新生活方式和快乐，让城市建筑遗产，真正成为人人都可以享受的财富。例如，除了丰富的活动，园区内时常更新的艺术装置让人们有常来常新的感受。

在用户思维方面，将壹号秀场前方的水池由原先的600毫米深改为150毫米深，同时增设喷泉，使儿童可以安全地在水边嬉戏。喷泉水池成为周边儿童喜爱的活动场所，家长也可在观展购物的同时让孩子自由玩耍。这里成为一个独特的室外展场，提升整个场所的魅力。

在基础设施方面，设计团队结合上位规划和实地考察经验，提出"共享效应圈"的理念。即在不新建停车楼或大型停车设施的前提下，巧妙借用周边大型商业的停车空间，人们从停车地点到园区只有5分钟左右的步行距离，这5分钟的步行换

图3-22 艺术装置"彩虹爱心"

图3-23 艺术装置激发互动参与

来的是更大、更完整的广场和更丰富的业态。同时也让周边商业共享了被老码头活动或特殊店铺吸引来的人流。

这项措施不仅最大化合理利用了周边资源，还增强了各类人群之间的沟通交流，实现了资源共享，互利互惠，让老码头和周边街区的关系更加紧密。

综上所述，老码头项目以"时间与事件"为主题，通过对城市历史工业建筑的事件营销，将城市公共文化活动与物质空间结合起来。老码头虽然取得了阶段性成功，但城市更新从来不是静态的一次性动作，而是不断地纠错、不断地升级、不断地完善，从细节上保证建筑作为高品质内容平台载体的用户体验。老码头二次改造

图3-24 改造后喷泉水池

图3-25 喷泉水池吸引儿童活动

图3-26 日间喷泉水池

图3-27 喷泉水池作为室外展场

更新的成功部分归因于随着城市发展，中山南路一带高端住宅及办公逐步建成，带来了大量有消费力的人群，同时老码头在设计时也对面对中山南路一侧的底层商业进行了重点考虑，并增加了出入口以便最大限度地承接人流。

　　工业遗产是一类典型的城市历史景观，记录和见证着工业发展不同阶段的历史进程。对于近代工业建筑的更新改造，不仅要使旧建筑留存下来，更重要的是要恢复生命力，使其能够真正融入当下的城市生活之中，唯如此，城市更新才有意义。对于城市更新来说，建筑空间是载体，内容才是核心，很多区域之所以衰落，本质上是由于内容不再有生命力，因此，如何将建筑空间打造为一个有魅力、有弹性、有生命力的"平台"，使其能持续自我更新，是我们更需要关注的问题。

图3-28 老码头改造后整体鸟瞰

# 3.2 安亭老街改造更新项目

**项目地址：** 上海市嘉定区安亭镇安亭老街
**项目规模：** 街道约1000米长；总建筑面积约12745平方米
**项目业态：** 商业街

图3-29 安亭老街改造后夜景

## 3.2.1 项目背景

城市和人一样，有记忆，也同样有自己的生命历程。因此，对于历史文化街区的更新改造来说，既要强化保护理念，也要做好历史空间的活化利用，在切实保护历史文化空间原初风貌的前提下，引进新业态、新功能。以保护为前提，以活化利用为支撑，两者结合，才能激发历史地域的内生动力，让历史文脉得以真正存续。

在上海城市发展中，如果说静安寺是承载历史叙事的核心区，那么上海西大门安亭镇便是了解这座城市最生动的文化入口。"十里一亭，以安名亭，以亭为镇"，安亭之名自汉代沿袭至今。后经历史发展，形成多变的城市面貌，留下了众多文化遗产、很多隽永的故事，还有至今已存活1200余年的编号为"上海0001"的古银杏树。

老街的形态是沿河道以围绕永安塔和古银杏树的广场为核心向城镇街道线性展开，以徽派的马头墙和硬山顶作为主要建筑符号，商业街与水岸间有供人休憩的长廊。全长约1000米，一端的出入口在上海市境内，另一端的出入口则在昆山市境内。为了尽量还原老街风貌，保留温情的生活气、人情味，设计团队选择回到场地原点，从场所精神中找寻到适宜的建筑语言以及和环境的对话方式，对空间进行同时性、并置性的建构。

2021年，安亭镇人民政府希望对安亭老街进行业态升级，以适应周边群众新的生活消费需求。如何既延续"老街故事"，又完善商业构架，是设计团队面临的主要考验。

图3-30 安亭老街改造前街道鸟瞰

图3-31　永安塔广场鸟瞰

图3-32　安亭老街改造前
入口空间

图3-33　安亭老街改造前
街景

## 3.2.2　整体定位

对于历史街区商业街，空间策略不再只是基于物质性、经济性，而是要回到场地的原点，从场所精神中找寻到适宜的方法，对空间进行同时性、并置性的建构。

项目之初，设计团队通过与建设方——安亭镇人民政府沟通，得知以下信息：首先是建设方对原有建筑的徽派风格不认可，认为在一条上海的历史街区内使用徽派建筑风格并不妥当。其次，建设方的预算较低，只有约两千万元的建设费用，这个预算无法对原有建筑进行大拆大改。因此，设计团队提出"面纱"的设计理念，即：通过在原建筑立面外增设装饰性表皮，在不破坏原有保温、防水等基础建筑功能的前提下，最大程度地改变整体风貌。由于不需要大量的拆改工程以及重新制作保温、防水，总体造价得以控制。项目启动后新冠肺炎疫情暴发，设计施工及资金都遭遇重大困难，事实证明此策略对项目得以顺利完成功不可没。

具体到介入历史街区的更新实施，设计团队的一系列设计操作，可以用"修补""美化""创造"三种手法来总结。

图3-34　安亭老街整体轴测图

## 3.2.3　改造提升策略

### 1. 修补

项目启动之初，设计团队对场地现状进行了实地调研。现有商业街沿河道，以围绕永安塔和古银杏树的中心广场为核心，向两端城镇街道线性展开，以标准的徽派马头墙和硬山顶作为主要的建筑符号，商业街与水岸间有供人休憩的长廊。

通过对周边居民走访谈话，了解到居民不希望日常休闲活动区域被高度商业化的空间所取代，此处是周边居民的主要休闲活动场所，所以相比大面积更新商业空间，设计团队决定以修补的手法对场地的慢行路线及休憩空间进行重新梳理。

设计团队首先以克制的设计手法，拒绝大拆大建，而是见缝插针地对老街进行修补：首先，完善原有中心广场、树木景观、建筑形式和风雨连廊等主要元素；其次，整治侵蚀老街风韵的不良元素——低端的小门店、位置不合理的电箱等设备、杂乱的沿街标志标识等；最后，重新规划慢行空间布局，在沿街沿河的景观空间中增加更多休憩平台，清理河道提升水景质量，统一店铺标识，重新设计夜景灯光照明，从而统一街道风貌、提升空间质量。

图3-35　安亭老街慢行路线

图3-36　安亭老街休憩空间

图3-37　风雨连廊

图3-38　提升设计后的夜景照明

图3-39　连廊与慢行路线

## 2. 美化

将公共空间及建筑景观风貌修补后，接下来设计团队对建筑单体采取了进一步的精细化加工。

作为一条约千米长的街区，对每一栋建筑进行单独设计的时间成本是巨大的，且对于旧建筑改造而言，现场情况极为复杂，需要更多地灵活应变。经调研，整条街的建筑可大致分为五种类型，于是设计团队将改造策略概括为几大类型，同时留出足够的灵活度，用以适应复杂的现状。通过这种方式大幅缩减设计周期，并预留了充足的后期调整余地。

建筑在改造前先进行最大程度的清理，将多余的附加装饰、杂乱的店招、自行加建物等都去除，露出最核心的建筑构架。在此基础上对门窗进行升级，对外墙进行适当美化，对店招进行统一，在重点部位采取"面纱"策略进行装饰性穿孔铝板进行覆盖，在适合停留的室外空间进行景观重点设计。通过一系列操作，在较低造价和较短工期的条件下，让现状得到最大程度的改善。

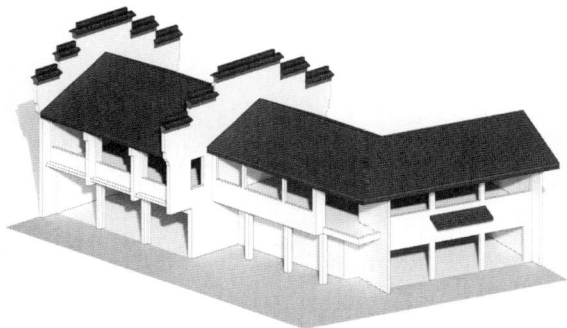

图3-40　典型建筑一改造策略（改造前，清理多余附加物的效果）

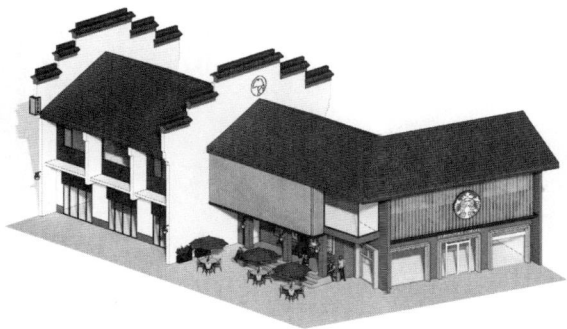

图3-41　典型建筑一改造策略（改造后效果）

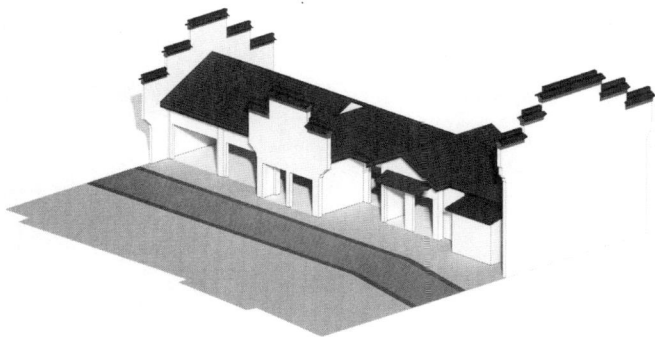

图3-42　典型建筑二改造策略（改造前，清理多余附加物的效果）

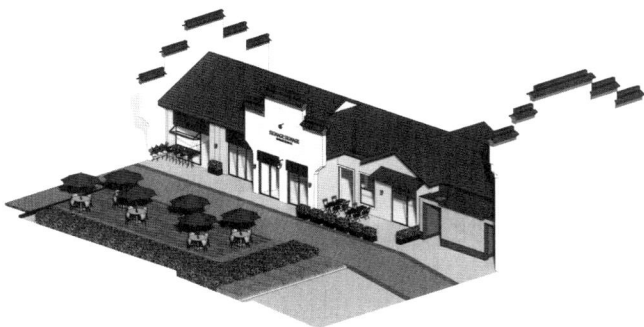

图3-43 典型建筑二改造策略（改造后效果）

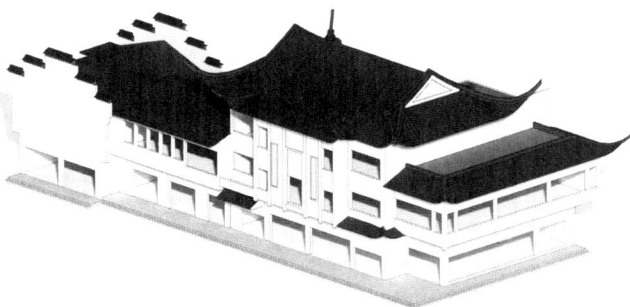

图3-44 典型建筑三改造策略（改造前，清理多余附加物的效果）

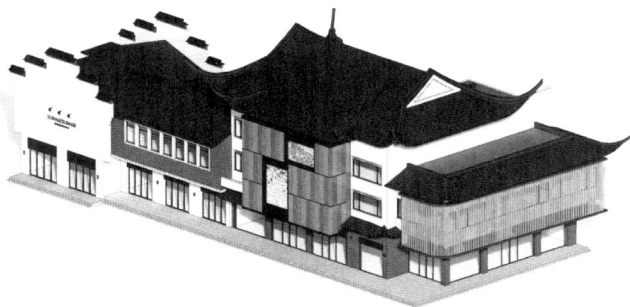

图3-45 典型建筑三改造策略（改造后效果）

游客访问最多的地点是围绕永安塔和古银杏树形成的中心广场，所以设计团队对围合广场的三栋建筑进行"精修"，除了对建筑单体进行更多的改造外，对室外景观也做了重点处理，并且给艺术家预留了发挥创作的空间，为广场增添独特的艺术气息。永安塔作为广场的核心要素，设计团队对其进行修葺，并进行了夜景灯光照明设计，让中心广场在夜间散发迷人的光彩。同时将"精修"对象从中心广场向两边街道扩展，按人的步行尺度间隔增设"精修"对象，在控制总体造价的前提下，有节奏地改善总体建筑形象和人在逛街过程中的体验乐趣。

　　立面更新提取了银杏古树元素，使用与银杏树相同颜色的孔洞金属板，小曲度弯折金属板形成特有的肌理。同时调节孔洞大小和金属板颜色，让立面"印"上银杏图案，使人们即使在冬季，也可以看到黄色银杏树的形象。设计团队还对穿孔板的孔径及间距进行了大量比对筛选，保证这层"面纱"在有整体性的同时，达到轻盈的视觉效果。在一层门与窗空间，统一使用银杏叶颜色的框，让整体的外观效果大幅提升。

图3-46　安亭老街中心广场夜景

图3-47 永安塔成为夜间的视觉核心

图3-48 银杏图案的穿孔铝板外饰面（左侧为古塔，右侧为艺术装置）

图3-49 银杏图案的穿孔铝板外饰面及其下部的半室外休憩空间

### 3. 创造

在社交媒体盛行的当下，一个承载历史文化的好IP可以提升项目的文化属性和传播性，那么安亭老街该如何形成自己的文化属性和标识性？至今已存活1200余年、编号为"上海0001"的古银杏树便是最合适的新故事起点，因此设计团队和建设方商讨，创造了"银杏IP"。

在马头墙的山墙，设计定制了带有"安亭老街"LOGO的灯箱，黑色亚光金属边框，与以粗纹理布料为底面的黑色文字，共同融入了山墙视觉中；突出墙面的侧招灯具设计，则以银杏图案为主题，圆形亚克力板为面板，侧挂于立面；在建筑外立面，此前提到的带有银杏叶图案的金色穿孔铝板拼接成装饰面板，在突出主题的同时美化建筑。

沿着街道走过去，灯箱、侧招、装饰面板等一系列的银杏标识让游客和居民都形成了强烈的印象，安亭镇的千年银杏树激发了人们深入了解历史背景的兴趣。

关于马头墙山墙灯箱的由来，建设方曾希望去掉原建筑的马头墙这个最典型的徽派元素，但设计团队指出此举难免会对原先的保温、防水造成破坏，而重做保温防水对于并不充足的预算而言负担沉重，且此工程属于隐蔽工程，并不会带来外观效果的提升。因此，设计团队设计了带有"安亭老街"LOGO的黑色亚光金属边框灯箱。时尚的灯箱大大弱化了马头墙的传统意味，且在街中的人视点看过去，其对马头墙顶部的瓦檐也起到一定的遮挡效果。最为关键的是，此做法省时省力省钱，用最小的代价达到了建设方的目的。

在色彩方面，设计团队创造性地运用软件，对周边环境照片进行典型色彩提取，再将提取出的色彩经过设计运用到更新的建筑外观中，使建筑与周边环境有一种天然的融洽感。设计团队还以此为课题进行研究，希望能对其发展完善，以期日后运用于更多的项目中。

除了自身的创造，设计团队还为艺术家预留了创造的空间，在合适的地点，如中心广场周边、室外及半室外休憩空间、商业外摆区附近等预留了场地，让艺术家发挥自己的创意，为安亭老街增添独特的艺术气息，艺术品的常换常新也让老街充满了新鲜感。

图3-50　马头墙山墙灯箱夜景效果

图3-51　各类店招、灯箱和装饰都贯彻"安亭老街"与古银杏的主题

图3-52 预留艺术空间

图3-53 艺术装置与永安塔

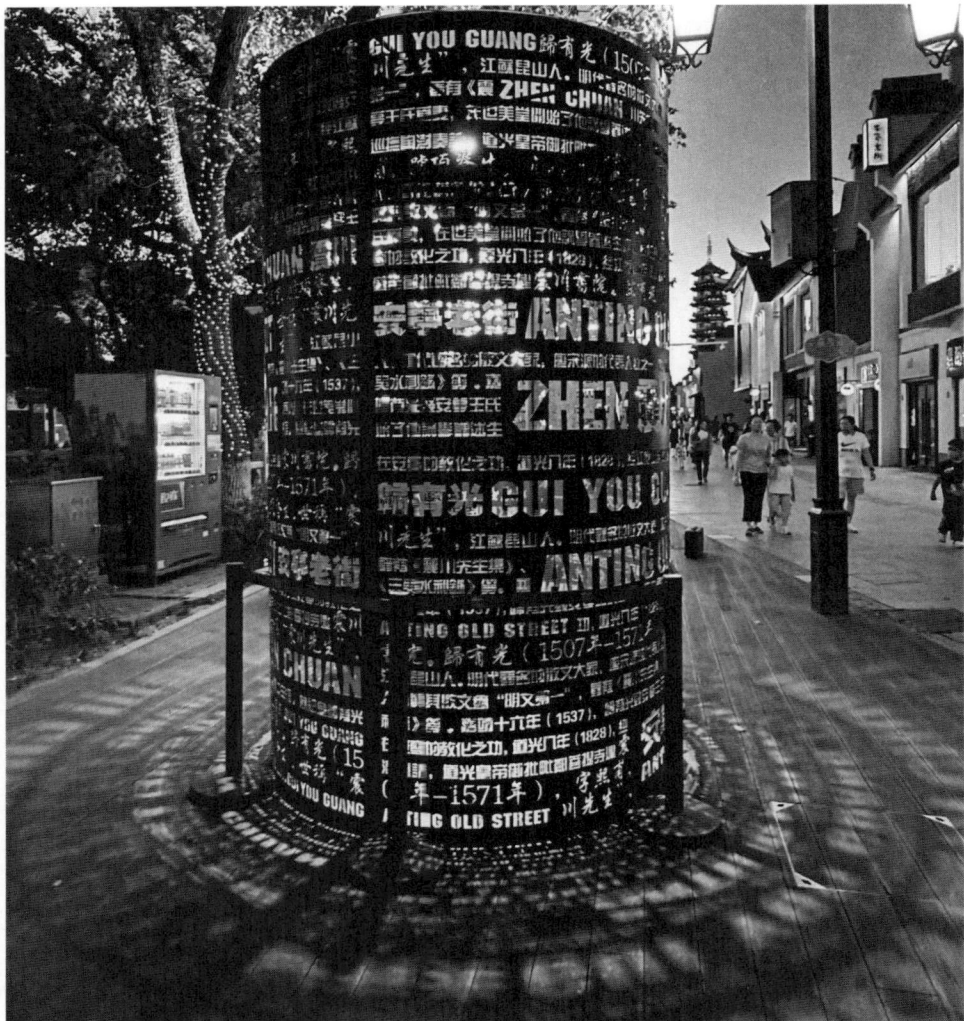

图3-54 艺术家为安亭老街量身定制艺术品

综上所述，通过城市空间、建筑立面、建筑室内、场地景观以及店招标识的一体化设计，安亭老街化身为既时尚又有生活气息的城市公共空间，除了吸引游人游览，也承载了周边居民的日常休憩聚会。设计团队将场地元素转化到建造之中，同时又将建造带来的场地和历史记忆带给了使用者。通过"修补""美化""创造"三种手段，解决了场地内同质化、无秩序的问题，维持历史街区的精髓并植入新的当代生活和空间。

经过物质优化、业态升级、文化复兴，翻新后的安亭老街成为一个宜居宜业、充满活力、有文化积淀的创意空间，不但没有丢失掉它原先的市井气息，而且比往日更加有温度。

老街施工过程中新冠肺炎疫情暴发，在诸多困难中完成了大部分预先设想的设计，其中以古塔、古银杏树为核心的中心广场及靠近上海市一侧的街道作为一期已经开放，得到了游人和周边居民的好评。

图3-55 改造后的安亭老街入口，传统与现代融合

# 3.3  NIU ZONE新联地带改造更新项目

**项目地址：** 上海市杨浦区临青路430号

**项目规模：** 项目用地面积约16341平方米；总建筑面积约37935平方米

**项目业态：** 商办综合体/公寓

图3-56  NIU ZONE新联地带改造更新项目鸟瞰

## 3.3.1　项目背景

NIU ZONE新联地带位于杨浦区临青路430号，距离杨浦滨江沿线约1千米，是原上海医疗器械有限公司生产基地旧址。这里不同于大多数沿江工业遗产，没有显赫的历史傍身，但在这类现存价值有限又不甚起眼的工业建筑改造中，反而有更广阔的设计空间。

如今大部分的城市，特别是一线城市，城市基本功能已经完善，居民逐步有了基础生活之外的更高层次的生活追求，对于公共活动空间、艺术创意空间等的需求更多了。然而新增土地的稀缺已成现实，在这样的背景下，从低效利用或者没有发挥作用的空间入手，对其进行更新改造以便满足市民新的需求，成为当下城市建设的重要组成部分。

2019年，上海以城市空间艺术季为契机对杨浦旧工业区进行激活，再开发了沿江许多重要的旧工业建筑，通过对旧建筑重新定位功能进行激活，并且将贯通的滨江绿廊作为公园对全体市民开放。此番城市更新活动重新定位了杨浦老工业区的城市功能，二次开发旧有建筑，为市民提供开放的城市公共空间，以带动整个区域的新文化生长，而那些工业厂房中的集体记忆与时代的更新相遇更是为人和城带来了新的活力。

NIU ZONE新联地带前身为上海医疗器械厂，设计团队运用了一系列创造性的改造策略及亮点植入，将其打造成为集商业、办公、公寓为一体的综合性创意园区，为老建筑赋予新生命，使其成为城市活力发展的推动力。2019年，借上海城市

图3-57　改造前项目街景

空间艺术季之机，作为NIU ZONE新联地带的前身，占据一整个街区地块的原上海医疗器械厂，由于邻近杨浦城市空间艺术展场地，也被列入当年的城市改造计划之中。

结合各方面考虑，计划以低成本进行建筑改造，增加商业、休闲、活动、展示及服务空间，形成7×24新生活方式。

功能置换及外观焕新意味着建筑内外均需重新设计改造，面对低成本的限制，设计团队努力思考如何将好钢用在刀刃上，用最低成本取得最大建筑效果的同时还要适配新的功能，让人群更多地停留。

设计团队提出三方面的思考：首先是如何让旧建筑以最低成本做出最大变化，摘掉身上"20世纪旧建筑"和"无聊"的标签；其次是在设计功能置换时，如何植入商业设计思维，以便吸引人群；最后是如何延长人群的滞留及使用时间，以便产生足够的消费，让建筑自身可持续。

## 3.3.2  整体定位及改造措施

### 1. 旧建筑改造

基地内现存四栋多层建筑，其中三栋围合出场地中央的景观广场，另外一栋建筑与其他建筑之间形成街巷空间。建筑原用于设备生产和工业制造，内部为大跨钢筋混凝土结构，室内空间高大、宽敞、明亮，为改造提供了优质的空间基底。建筑群朝向街道的界面无明显主入口，内部的景观广场也仅供内部员工使用，不对外开放。

图3-58  NIU ZONE新联地带改造更新项目总平面图

图3-59 施工过程

图3-60 连廊施工过程

其中主入口不明显是最为严重的问题，相比建筑群较大的体量，主入口只有一个建筑之间的"缝隙"，且邻近主入口处有树木及变电站等遮蔽物，使入口完全隐匿于环境之中，这对于要被改造为出租类产业的本项目非常不利。

首先，设计团队对基地内外交通流线进行梳理，形成明确且有标志性的主入口，开放内部庭院以形成连续的人行回路。围绕庭院设置室外连廊，连廊连通了各单体使一部分疏散空间可共用，并将一部分垂直交通移至外部，使平面使用效率提升。在室外楼梯与平台交会处设置了一个异形的构筑物"人文剧场"，成为场地内的核心，提升项目标志性的同时增强整体向心力。

其次，根据新功能调整空间尺度，并增加落地窗，改善室内采光，提升舒适度。统一四栋建筑的形式与色彩，沿街立面采用三段式布局，内外统一采用红色，个别区域使用白色代表功能的转变，并以黄色引发视觉聚焦。红、黄、白三种颜色相互协调，既不混乱又不单一，以较低的成本呈现更为丰富的视觉变化。

2. 新建筑置入

根据上海城市更新相关政策，项目获得了30%的容积率奖励，业主原初的设想仅仅是最大化利用空间，将其整合作为联合办公场地出租，但设计团队在社区型商业领域有着丰富的经验，能够从业态比例和运营模式方面进行思考，进而反映在空间设计上。

首先，一个标志性的主入口是吸引人流的基本要素。在项目入口处新置一个大型钢结构，将原本分离的两栋建筑连为一体。钢结构向下斜切，形成倒梯形立面空间的主入口，暗示其内部流线的走向。钢构在两栋建筑之间穿插攀升，将原本两栋分离的建筑连为一体从而将整个外立面都纳入主入口的构图之中，使主入口在视觉

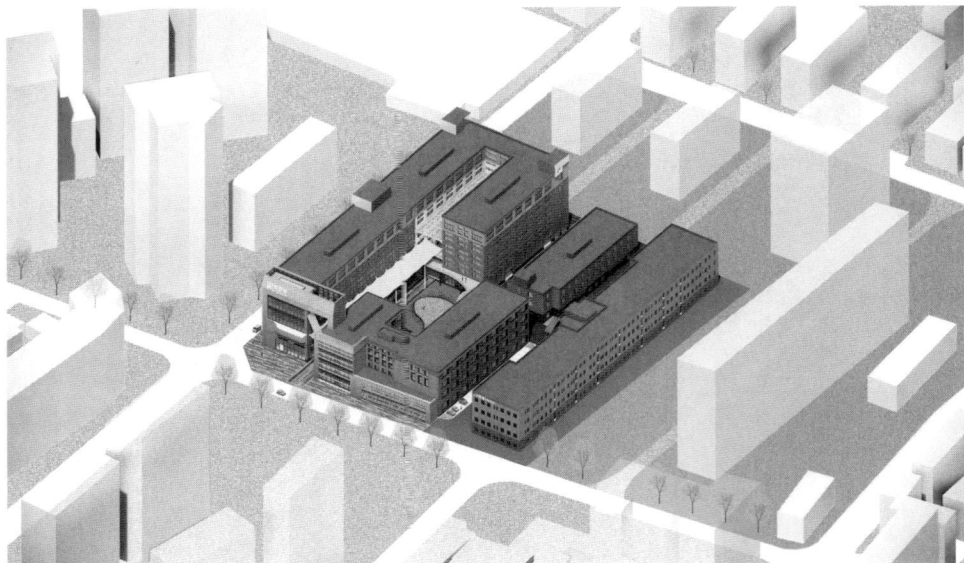

图3-61　NIU ZONE新联地带项目整体轴测图

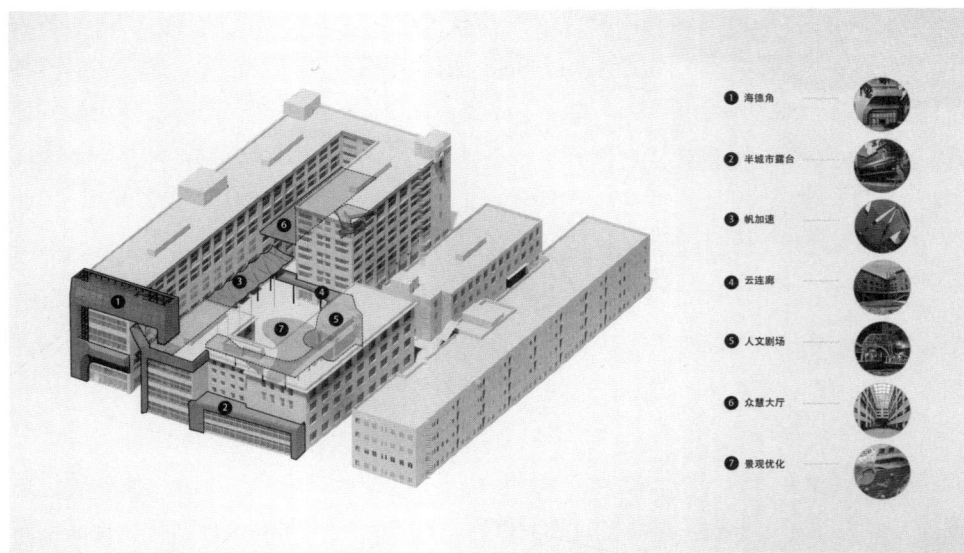

1 海德角
2 半城市露台
3 帆加速
4 云连廊
5 人文剧场
6 众慧大厅
7 景观优化

图3-62　NIU ZONE新联地带项目重点改造节点示意图

上扩大到极致。设计团队与甲方将主入口命名为"海德角"，其设计灵感来自伦敦海德公园演讲者之角（Speakers' Corner），弧形灰空间体现出拱门的意向，新增钢结构转变了单一的体量关系，改变了场所厚度，体量穿插设计与穿孔铝板的金属色材质形成了标志性的城市转角。半城市半内部的灰空间不仅承载了人群的互动，还创造了一种庇护感，这也是将此处命名为"海德角"的原因。钢构外表皮采用穿孔铝板，设计团队对铝板穿孔尺寸及密度进行了仔细研究，最终的效果既有体量感又不笨重，通过通透性减少旧建筑的沉闷感。

项目在设计时尽力控制成本，最终的每平方米造价控制在1900元左右，主入口的钢构及表皮在整体造价中占比较大，但出租类物业主入口的效果事关成败，好钢花在刀刃上，相比所达到的最终效果而言这部分投资无疑是值得的。甲方及运营方对"海德角"非常满意，还在主入口附近沿街底商开设了一家名为"海德角"的咖啡厅。

图3-63 改造后的主入口"海德角"街景

图3-64 主入口"海德角"
细节

图3-65 主入口"海德角"仰视

图3-66 主入口整体立面图

图3-67 改造后的主入口与街道关系示意图

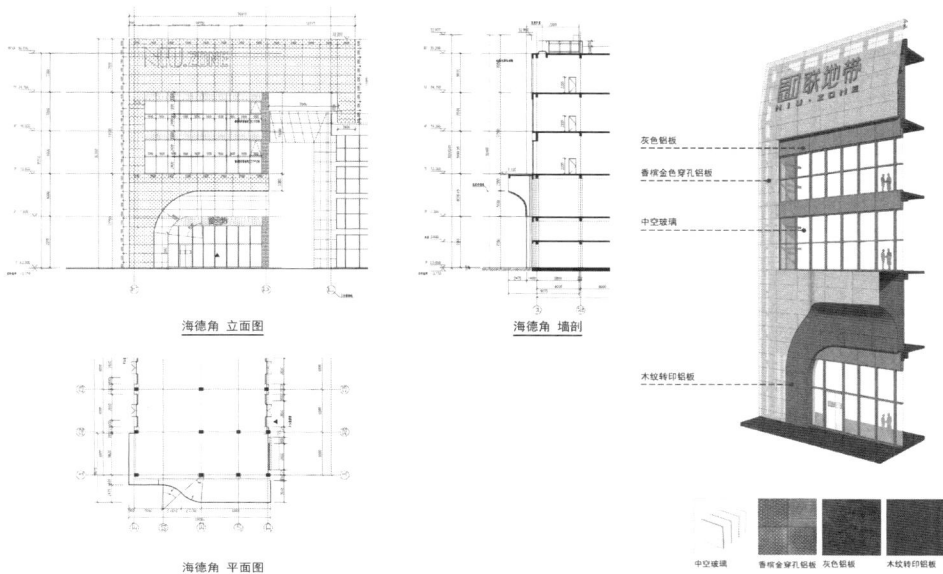

海德角 立面图　　　　海德角 墙剖

灰色铝板
香槟金色穿孔铝板
中空玻璃

木纹转印铝板

海德角 平面图

中空玻璃　香槟金色穿孔铝板　灰色铝板　木纹转印铝板

图3-68　主入口细部设计

图3-69　主入口旁的海德角咖啡

由钢结构下的主入口进入园区，一系列轻巧的设计重新定义了单调的广场空间：拉索与膜组合形成的"帆加速"遮阳廊道易组装、易拆卸，使中央广场更加灵活有机；内院上空架起立体"云连廊"，20余个水平钢结构单元形成的蚕茧形"人文剧场"强调了连廊步道的竖向交通，成为中央广场景观的高潮与背景；场地内由建筑围合出的U字形、半开敞的'众慧大厅'，为项目未来的可持续发展提供了更多可能。

其中，"帆加速"遮阳廊道除了活跃广场氛围并为行人提供遮阳的功能外，另一个考虑是：此区域下部为以餐饮类为主的商业，上部则为办公空间（大部分是国企），白天时下部的商业活动会对上部办公人员有一定的干扰，而夜晚当上部办公空间熄灯后，自身高宽比本已较高的廊道对在下部餐厅外摆区用餐的客人的空间压迫感进一步加强。因此，在办公与商业分界处设置一道膜结构，在修正空间比例的同时，一定程度上隔绝上下部空间，减少互相干扰，且餐厅在夜间可对上部的膜进行灯光投影，增强外摆餐位的就餐氛围。

"云连廊"则是内庭院立体交通系统，它将围合广场的三栋建筑连接起来，使各建筑间交通更加便捷的同时，各单体间部分疏散空间可共用，并将一部分垂直交通所需的疏散宽度利用室外楼梯解决，使办公的得房率增加、平面效率提升。

"人文剧场"则是在"云连廊"与地面过渡的室外大型楼梯上顺势而做的异形构筑物。20余个水平钢构单元，由竖向结构构件支撑固定，形成一个"蚕茧"造型，金黄色钢构件构筑物既是内庭院漫步流线的高潮、场地的核心，也隐喻了整个建筑群的破茧重生。

图3-70 "云连廊"内庭院立体交通系统

图3-71 "帆加速"遮阳廊道

图3-72　结合室外楼梯设置的"人文剧场"

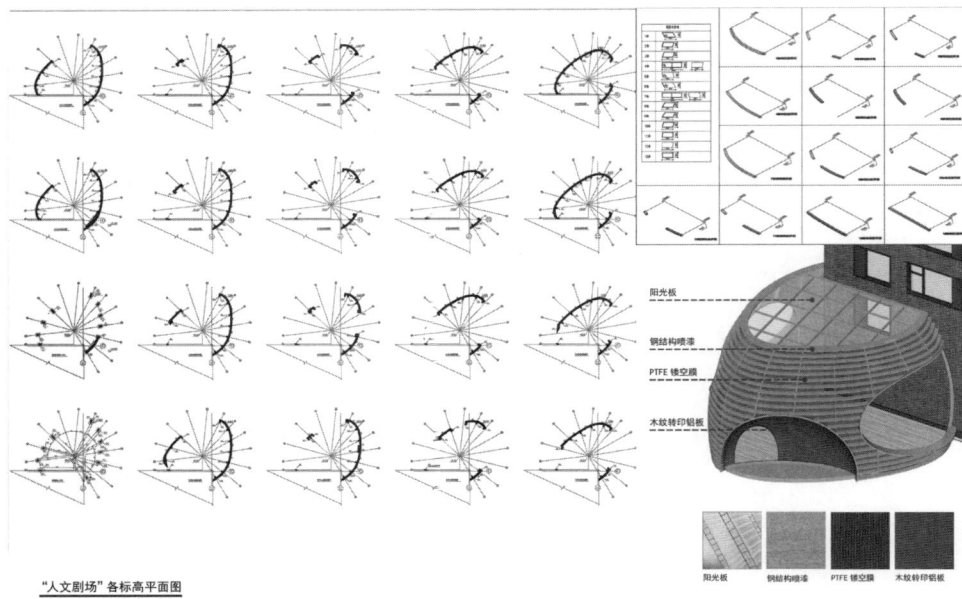

"人文剧场"各标高平面图

图3-73　"人文剧场"细部设计

从"海德角""帆加速""云连廊"到"人文剧场",最后下至景观庭院,进入半开敞的"众慧大厅",形成了完整的景观漫步流线,将原先封闭的内部广场转变为生机勃勃的城市空间,赋予空间聚合性和社交性,从而增加了人群的停驻时间,提高场地内的活力和商业价值。

3. 更多可能性

为了建筑的可持续性使用,在建筑围合的U字形中庭中,增设了一个半开敞空间"众慧大厅",此空间被赋予了灵活的功能定位,让建筑的未来拥有更多的可能性。

该空间对外开敞,顶部设有大型玻璃顶棚,营造出一个怡人的活动场所,为不同单体内的办公人员以及外来人群提供互相交流的连接性场所。这里也是餐饮店的外摆区域,作为整个建筑群的内部客厅,供人休息、停留。

同时,中小企业往往缺乏宣传途径和展示平台,而"众慧大厅"则为他们提供了展示自己产品和服务的展厅。除此之外,这个宽敞的半室外空间将同时承担室外展场的功能,不定期举办一些艺术展览,为园区注入活力,让园区内的办公人员在工作之余可以放松心情。

图3-74 半开敞空间"众慧大厅"

图3-75 "众慧大厅"内展览

图3-76 NIU ZONE 新联地带沿街外观

综上所述，NIU ZONE新联地带以"空间"作为核心策略，通过将工业建筑重新向城市打开，达到建立区域地标、带动文化经济等目的。改造后的NIU ZONE新联地带，人们在"海德角"下相遇，在旧建筑和新结构下拍照留念，在"帆加速"的荫翳下漫步或在外摆餐位享受美食和咖啡，在"云连廊"上前往各单体，到"人文剧场"小聚，在中庭草坪上休憩，在"众慧大厅"举办酒会、参观展览、与在其中布展的企业交流，在开敞明亮的商业空间购物、就餐。总之，基于特定的区位条件及造价等限制因素，因地制宜地提出适宜的城市更新模式，是项目成功的关键。

# 3.4 金臣·亦飞鸣美术馆改造更新项目

**项目地址：** 上海市闵行区甬虹路88号
**项目规模：** 总建筑面积约2871平方米
**项目业态：** 展厅

图3-77　金臣·亦飞鸣美术馆整体外观

## 3.4.1　项目背景

　　金臣·亦飞鸣美术馆位于上海虹桥商务核心区金臣汇商业综合体内，是区域内首个引入设计产业的交流展示空间。凭借"轨陆空"三位一体的综合交通网络，上海虹桥商务区成为上海的新地标。虹桥商务区位于长三角城市群核心地带，连接区域26个主要城市，依托虹桥交通枢纽和国展中心，形成以总部经济和商务办公为主体业态，酒店、商业、零售、文化娱乐为配套业态的产业格局，已成为国际化高端商务的新地标。毗邻虹桥枢纽赋予了虹桥CBD一期发展的优势，但同时也制约了其建筑空间的形态和拓展，园区内大多数建筑呈现为平面肌理，统一的限高形成平缓的天际线。同时，该区域建设之初配置了大量的地下空间，其中大部分没有得到充分利用。

在此背景之下，建设方希望对部分地下空间进行更新改造，使其成为艺术空间，带动周边其他产业，该美术馆的建成将为大虹桥板块创造新的场所秩序，为该地区注入艺术活力。金臣·亦飞鸣美术馆由上海金臣集团投资创建，于2020年11月13日正式成立，由知名海派艺术家陈逸鸣先生担任执行馆长。

陈逸鸣，油画家，中国已故著名画家陈逸飞的胞弟。他自幼习画，1972年至1979年期间，先后就读于上海美术专科学校及上海戏剧学院油画系。自1979年至1981年任教于上海轻工业专科学校。赴美后曾在纽约艺术学生联盟研习，之后在美国芝加哥、佛罗里达及法国巴黎的芬得莱画廊举办画展。通过和瓦理·芬德里画廊和汗默画廊的成功合作，在国内外美术界获得了广泛认可。

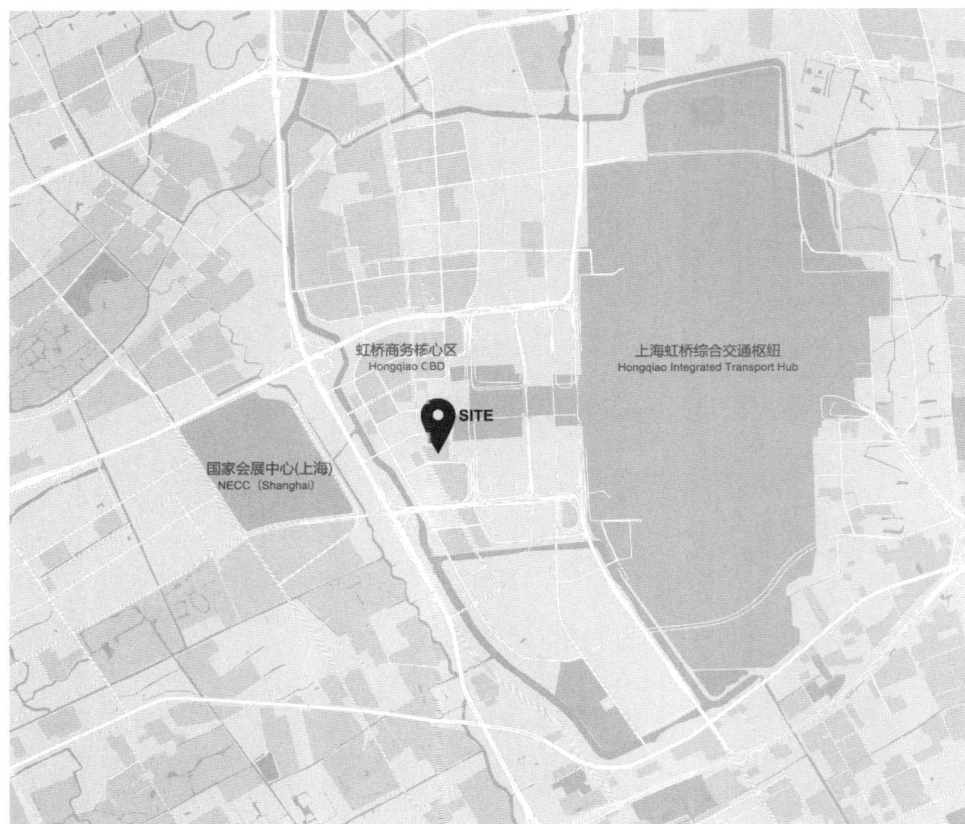

图3-78　金臣·亦飞鸣美术馆区位示意图

图3-79　场地地下空间采光井鸟瞰

图3-80 场地地下空间采光井现场照片

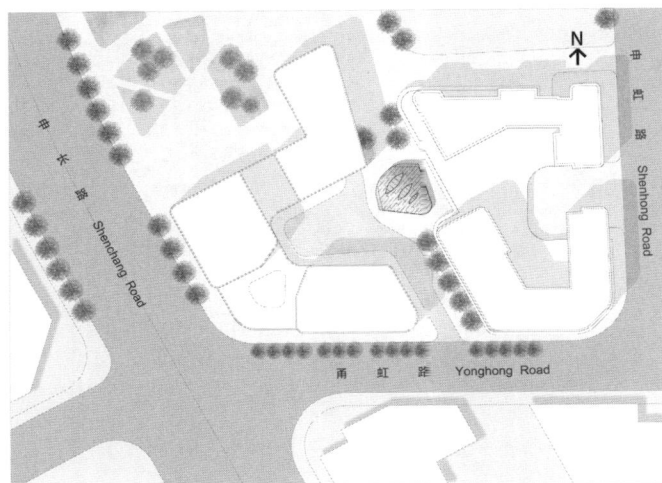

图3-81 金臣·亦飞鸣美术馆总平面图

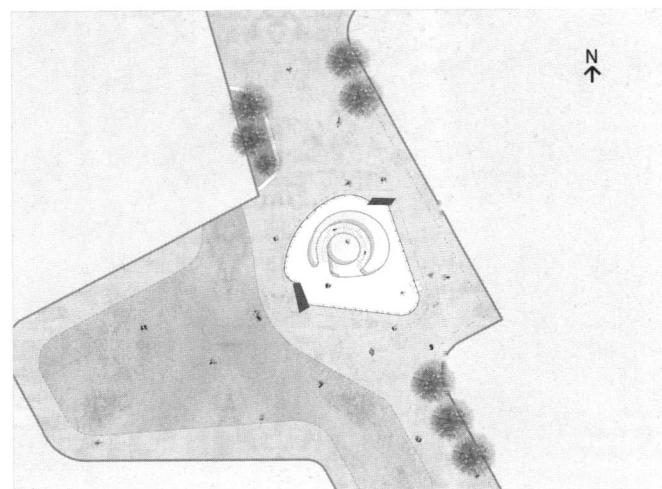

图3-82 金臣·亦飞鸣美术馆首层平面图

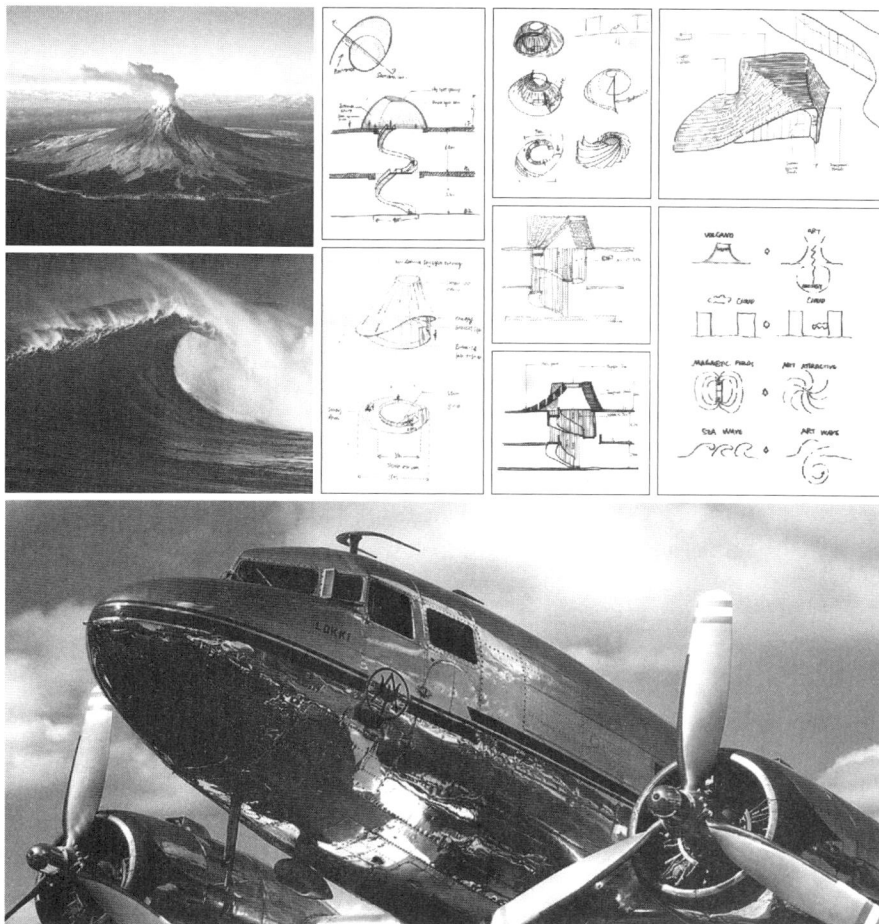

图3-83　金臣·亦飞鸣美术馆设计概念示意图

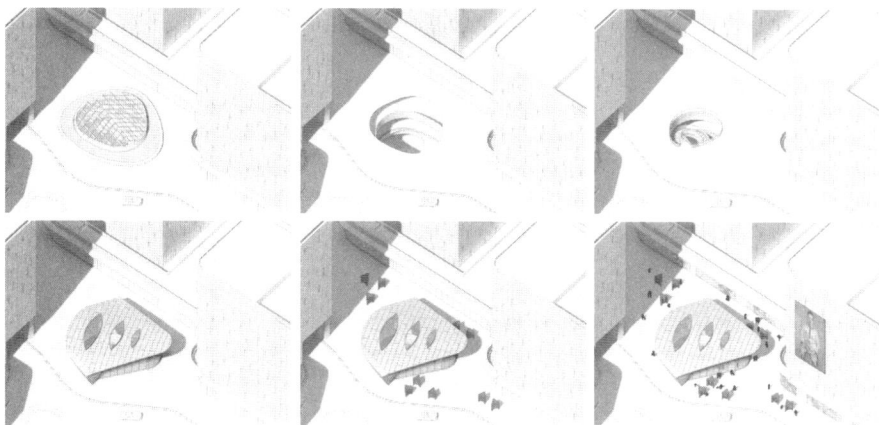

图3-84　金臣·亦飞鸣美术馆设计生成示意图

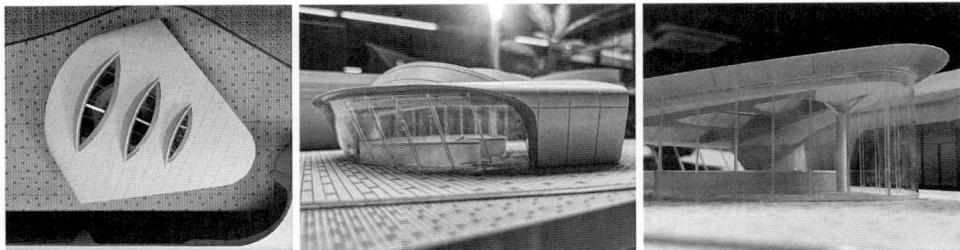

图3-85 金臣·亦飞鸣美术馆方案模型推敲

图3-86 金臣·亦飞鸣美术馆方案模型

图3-87 金臣·亦飞鸣美术馆立面图

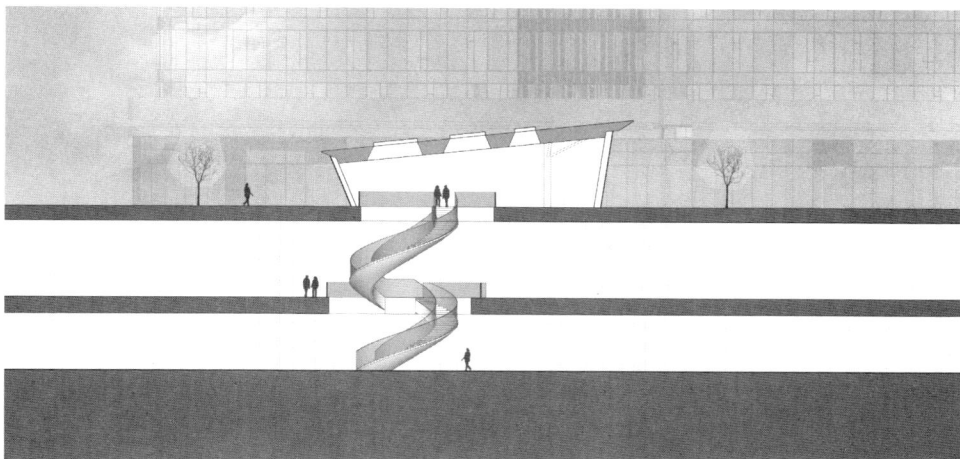

图3-88　地上部分通过螺旋楼梯与地下展示空间连通

### 3.4.2　整体定位

在千城一面的环境下，设计团队最大的愿望就是摆脱这种环境，而最好的办法就是创造一种建筑：它仿佛脱胎于蓝天，甚至无法看出它的来源，成为一种完全创新的、无可参照的建筑。场地邻近上海虹桥机场的独特区位成为本项目设计灵感的来源，以动态的曲线构筑出自然而富有制造美学的建筑外形，体现着飞机的流线机械美学以及雄伟的自然之力，并表现其"飞出虹桥"的内在驱动力。原先用于地下室采光的天井被作为艺术馆从地面进入的主入口，进入门厅后进入眼帘的是轻盈的540°大型旋转楼梯，它将参观者自然地引入展示区内，打造出独特的漫步体验。

作为虹桥商务区第一个当代艺术馆，金臣·亦飞鸣美术馆从设计之初就想打破这种规整的城市肌理，以"非常规"的建筑形态表达艺术情感和力量。通过流线造型、流动空间和现代材料，塑造具有雕塑感的造型并给人充满活力的体验，激发出观展者对建筑及展品的好奇、忐忑、惊喜。作为规整城市中的"非常规"建筑，金臣·亦飞鸣美术馆的设计理念和技术方案，为传统商业空间类型的更新设计提供一种新的思考角度。

图3-89 金臣·亦飞鸣美术馆夜景成为规整办公建筑群的亮点

### 3.4.3 改造提升策略

金臣·亦飞鸣美术馆是上海虹乔核心商务区首个艺术主题的商业美术中心。虹桥商务区依托虹桥综合交通枢纽，自启动建设以来，已有多个商务园区建成并投入使用，是比较成熟的国际化高端商务中心。因区位的特殊性（航空限高）及商务属性，其核心的商务园区多呈现规则的平面肌理，同时天际线低矮平缓。金臣·亦飞鸣美术馆所在的金臣汇商业综合体亦是由五栋规整办公塔楼及裙房组成的建筑群，内部功能包含酒店、办公以及零售商业。

金臣·亦飞鸣美术馆利用园区地下空间的核心区域，将园区地面广场中央的地下室采光井改造为美术馆入口大厅，将外部人流引入。作为区域内首个引入艺术设计产业的交流展示空间，它将是虹桥商务区内的文化热点，其建成将为大虹桥板块创造全新的场所秩序。建设方希望用有限的资金让新项目成为区域的亮点，设计团队通过将造价合理分配，创造了个性十足的主入口和华丽的主楼梯，达到了预期的效果。

基于美术馆浓厚的文化属性和基地邻近的航空场地背景，设计团队突破性地将两者相结合，以富有动感的曲线构筑出自然灵动而富有机械制造美学的建筑形态。建筑顶部轻微的斜度带来的起飞动态，寓意其"飞出虹桥"的内在驱动力。

具体的改造提升策略为：

1. 流线形建筑表皮

金臣·亦飞鸣美术馆建筑外轮廓由流畅的曲线构成，倾斜的玻璃幕墙与曲面铝板幕墙相结合，产生强烈的视觉冲击力。

外立面采用大面积的玻璃幕墙，减少结构外露，衬托钢结构的漂浮感。在周边环境的映衬下，建筑如同"即将起飞的机翼"。

2. 轻盈的旋转楼梯

美术馆的入口空间是本次设计的重点，其所在位置原为地下室的天窗，本次设计将原本封闭的洞口打开，在上方建立轻盈而富有科技感的入口空间，来访者们在头顶天光的指引下沿旋转楼梯自然地进入地下展示空间。设计团队运用灵动的线条勾勒出犹如艺术浪潮般律动的楼梯造型，结合巧妙的结构设计，为来访者们带来独特的体验。

图3-90　倾斜玻璃幕墙与曲面铝板幕墙

图3-91　金臣·亦飞鸣美术馆螺旋楼梯

图3-92　金臣·亦飞鸣美术馆螺旋楼梯细节

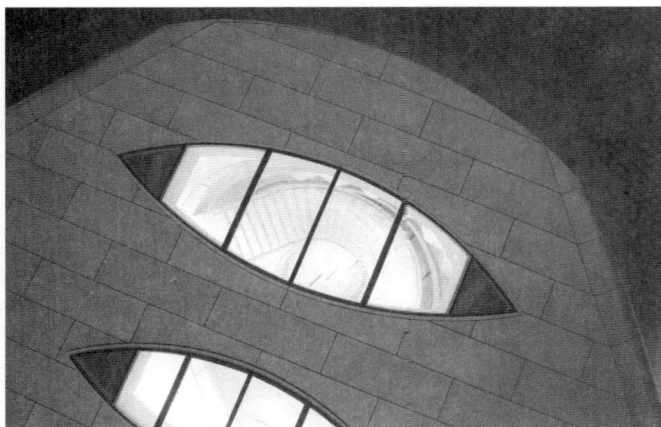

图3-93　透过屋顶天窗看螺旋楼梯

### 3. 一体化设计系统

本项目的改造过程中，设计团队负责了从建筑、景观、室内、照明到标识一体化的设计工作。系统性的设计方式，将整个场地的各个部分串联起来，使每个环节的视觉效果和细部呈现得到整体性的把控。

金臣·亦飞鸣美术馆在照明设计方面，尽量利用自然采光，入口大厅的屋面开设了大面积的天窗，立面也采用了大面积的玻璃幕墙，在最大程度上节约了照明能源；在运营方面，其现代而独特的设计风格和实用的内部空间独树一帜，能最大限度地适应未来不同主题的展览，包容艺术设计产业内容的不断更新迭代，艺术可以为金臣汇商业综合体带来多元化的采访者，为整个虹桥商务区都注入新鲜血液。

图3-94　金臣·亦飞鸣美术馆展厅内部实景一

图3-95　金臣·亦飞鸣美术馆展厅内部实景二

### 3.4.4　技术难点

曲面多变的整体形态使铝板的加工和玻璃的定位非常困难，同时艺术效果与经济性在时间成本上产生了较大的矛盾。所以在方案的技术优化阶段，在尽可能维持最终效果呈现的前提下，通过数字化辅助手段，从施工定位、材料加工、工艺可实施及便于操作等多方面进行了详细的设计优化：

（1）通过更易控制和定位的单曲方式，将原先设计的多曲、变曲部分进行最大程度的拟合分解。最终数字化的优化成果，通过3D打印技术的应用，在设计阶段实现了有效的设计参数验证及控制。

（2）通过模型可视化的方式和施工总包进行关键节点的研究，将关键部位进行多次施工样板的试样，确保上墙的效果及装配工艺。在特殊造型的弧形楼梯部分，现场通过重复调节控制点和增加背板的方式，提高完成的精确度，保证表面涂装效果。

建筑与结构的融合：整个造型形体由于现场条件的局限，使得屋面的承重只能靠三个支点进行支撑。从而让原本规则的结构布置体系变得更加无序和不规则。这些无序和不规则最终都通过逐点精确地控制，统统隐藏在金属屋面幕墙系统之内。要做到这一点，必须在设计阶段就利用模型推敲及控制，对每一个结构节点进行精准定位。

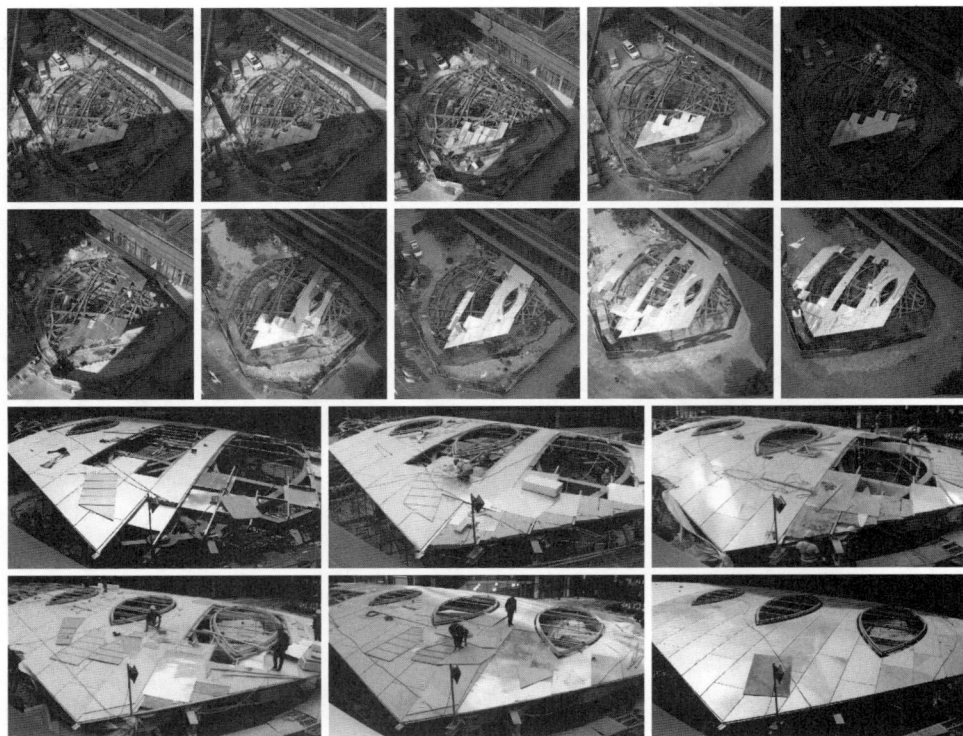

图3-96 屋顶铝板幕墙施工过程

图3-97 旋转楼梯及玻璃幕墙施工过程

图3-98 施工过程与最终建成效果对比

进入建筑后，向内逐渐变亮的天窗、向下倾斜的金属屋面、向里收起的玻璃幕墙，将室外的空间体验带入建筑内部，形成动态的空间环绕组织，引领参观者走向旋转楼梯，塑造出流动的观览体验。

设计团队将结构节点隐藏在金属屋面系统之内，消解墙、顶、柱之间的空间关系，建筑如同"透明洞穴"。

540°大型旋转楼梯与超薄扶手，将动态感表达得淋漓尽致，减少了从地上到地下这一空间序列中人的感受的突变。顺着旋转楼梯向下，参观者的视觉体验感逐渐转变为漫步路径的身体体验感，注意力更加集中，逐步将外部世界的纷扰抛诸脑后，平和地走向艺术。

作为空间的主要新增构筑物，建筑师希望旋转楼梯尽量以轻盈流畅的方式介入原有场地中，通过与结构设计师的反复沟通，最终采用的结构形式为：内圈设置650mm×550mm×25mm箱型截面旋转梁，每五个踏步从主钢梁上伸出一个悬挑梁，悬挑梁端部再采用方钢管连接。旋转主钢梁采用有限元进行应力分析，根据材料力学进行复合应力验算。

图3-99 金臣·亦飞鸣美术馆开馆首展"重生——上海当代艺术展"

最终，通过事先精准的力学计算以及详细的模型图纸指导，旋转楼梯的建造一气呵成，华美轻盈的楼梯使建筑内的流线如"流水"般顺畅。

## 3.4.5 社会价值

金臣·亦飞鸣美术馆开馆首展"重生——上海当代艺术展"于2020年11月13日开展，陈逸鸣、孙良、余启平、牟桓、施勇、薛松等六位沪上知名当代艺术家带来对后疫情时代的思考，成为该区域内的全新热点。

而在城市总体规划主导的规模化建设商务区中，该美术馆的设计与建造也可以算是一种"重生"。金臣·亦飞鸣美术馆作为多元化的展示空间，以文化引流，为大虹桥商务区注入活力，创造商业场所新秩序，树立国际化艺术交流空间新标杆。

图3-100 金臣·亦飞鸣美术馆入口

图3-101 展览实景

综上所述，金臣·亦飞鸣美术馆在闵行区政府、虹桥商务区管委会和社会各界的指导、关怀和支持下应运而生，不仅将陆续推出当代艺术家的国际作品展，还将陆续开辟艺术画廊、艺术讲坛、艺术培训与交流等公众活动和公共服务空间。美术馆一开馆，便迎来"重生——上海当代艺术展"。六位沪上知名当代艺术家们聚集在一起，用各自的表达方式，呈现了对2020年这个特殊时期的情感记录与生命思考，启迪人们一起审视后疫情时代人类将要面临的诸多课题。这是后疫情时代带来的深邃思考，是人类文明走向"重生"的过程，也是本次展览期待探讨的话题。

金臣·亦飞鸣美术馆的设计与建造也可以算是一种"重生"。建筑尺度虽然不大，但表达了一种对规整城市的"叛逆"，反抗传统商业建筑中艺术空间的表达方式，从概念到建造展现出"非常规"的设计理念，讲述"建筑"自己的艺术故事。

图3-102　金臣·亦飞鸣美术馆内景一

图3-103　金臣·亦飞鸣美术馆内景二

# 3.5 水舍酒店微更新改造项目

**项目地址：** 上海市黄浦区毛家园路
**项目规模：** 项目用地面积约180平方米；总建筑面积约70平方米
**项目业态：** 酒店配套

图3-104 水舍酒店微更新改造项目沿街外观

## 3.5.1 项目背景

水舍酒店是由20世纪工业遗产改造而成的网红酒店。2020年6月酒店暂停营业，进行更新改造，其中一项是在建筑旁加建一个小型锅炉房。甲方原本只是希望采用常见的单层设备用房的样式进行简单的设计施工，设计团队在接到委托后，看到了这个不大的空间由于其独特的地点及身份所蕴含的潜力，说服甲方对项目进行拓展，赋予其全新的意义。小尺度的改变将成为水舍的新开端，探索新社会语境中的设计方法。

这栋建筑始建于20世纪30年代。在城市更新过程中，政府委托业主将其改造为精品酒店，由如恩设计研究室进行设计。设计之初，业主及政府部门都倾向于将此处的遗存建筑全部拆除，然后新建一栋现代风格的精品酒店。而在对现场进行勘察并思考之后，如恩设计研究室决定对原始建筑保留并修复，对其适度进行改造使其适应新的功能。做此决定的原因是，整栋建筑的外观基本完整，裸露的混凝土和砖石具有强烈的沧桑感和力量，而最重要的是，如恩希望为入住的旅人展现这座城市的记忆，使人获得独一无二的体验。

当然，选择了这条更难的路，过程中必然产生许多挣扎与博弈。好在经过努力如恩设计研究室最终说服了各方，以原有建筑为基础进行改造，并于2010年完工。

改造完成后，水舍成为一座仅有19个客房的精品酒店，地上建筑共4层。建筑原本只有3层，在确保结构安全的前提下进行了一层加建。酒店面向黄浦江，与闪烁着璀璨灯光的浦东天际线隔江相对。如恩设计研究室将新旧对比作为改造设计的出发点，保留了建筑原有的混凝土肌理，在现有结构上增加了耐候钢外饰面，寓意着这座江边码头的工业历史。酒店第四层的增建部分，采用了具有工业特色的表皮材料与黄浦江上往来的船舶呼应共鸣，强调了建筑与本地历史和文化背景的联系。

如恩设计研究室同时还负责酒店的室内设计。设计灵感来源于上海传统的弄堂空间，通过模糊室内空间和室外空间二者之间的界限，将公共空间与私密空间进行倒置，制造了一种空间的迷失感，让那些厌倦了普通的五星级酒店、渴望拥有独特入住体验的客人们收获耳目一新的感受。通过不同位置的开窗，人们可以在公共空间和私密空间之间相互窥视，比如酒店前台上方就是一间客房的窗户，还有客房走廊里可以俯瞰餐厅的开窗。这些意想不到的视觉联系不仅为入住体验制造了惊喜，同时将上海当地的城市肌理引入酒店的内部空间，人们可以通过这些弄堂式的空间特色感受到独特的上海风情。室内外暴露出的充满年代感的混凝土，则还能让人感受到这座城市的历史。

在这样一栋建筑旁进行加建，如何在不破坏原有建筑基调的同时为其增色，是设计团队思考的重点之一。

图3-105 位于黄埔江畔的水舍酒店（微更新前）

图3-106 微更新前的水舍酒店沿街立面

图3-107 微更新前的水舍酒店街景

图3-108　右侧为原水舍酒店停车场，计划改为公园，对面为老码头

图3-109　水舍酒店微更新改造项目场地

图3-110　水舍酒店微更新改造项目场地周边

## 3.5.2 整体定位

水舍酒店位于上海南外滩老码头新规划区内，原有的三层建筑在近期的更新改造中增加第四层成为精品设计酒店。微更新计划加建的锅炉房位于建筑的端头，相接但不相连，所以在改造过程中，没有刻意去追求材质和形态的延续，而是将图像式的展示转变为功能化的使用，比起外观更关注空间自身为场所带来的变化，以一种关于空间、时间和功能"流动"的策略来造景。

图3-111 水舍酒店微更新后建筑鸟瞰

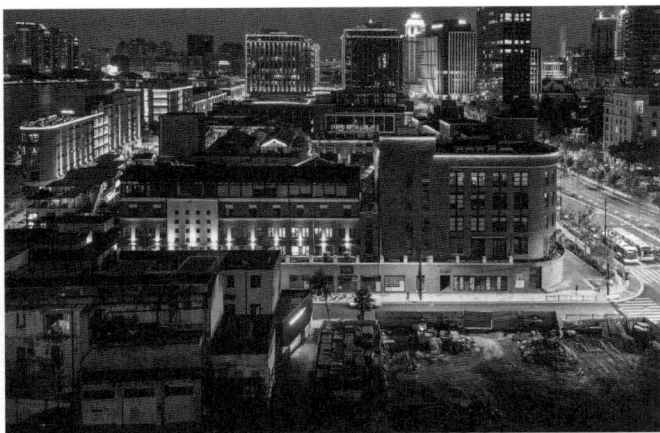

图3-112 水舍酒店微更新后夜景

### 3.5.3　改造提升策略

#### 1. 社会造景

水舍酒店微更新是水舍精品酒店整体更新计划的一部分。在过去几十年中国快速城市化进程中，各地都大规模、大尺度地建造一种新社会关系的"景观"，而若干个"景观"堆积，则反向强化快速新建立起来的社会关系，此即法国思想家、情景主义代表——居伊·德波（Guy Debord）所定义的景观社会。景观社会是指一种被影像和视觉形象所主导的社会状态。人们的生活被各种视觉化的形象所包围，视觉形象在社会中越来越占主导地位，各类项目对网红效应的追逐便是这一趋势的体现。

2020年6月的整体改造中，水舍酒店决定将原先的停车场规划为城市公共绿地，这一私密转向公共的功能改变让工业时代的厂房和老码头现代发展有了"社会造景"的契机。本次微更新对锅炉房进行加建，设计团队顺势而为，营造了一个"Mini Stage"，超越了锅炉房的功能限制，成为水舍酒店与未来公共绿地的过渡。建筑师从批判性的立场、观点和方法，将过往的"社会景观"转变为"社会造景"。

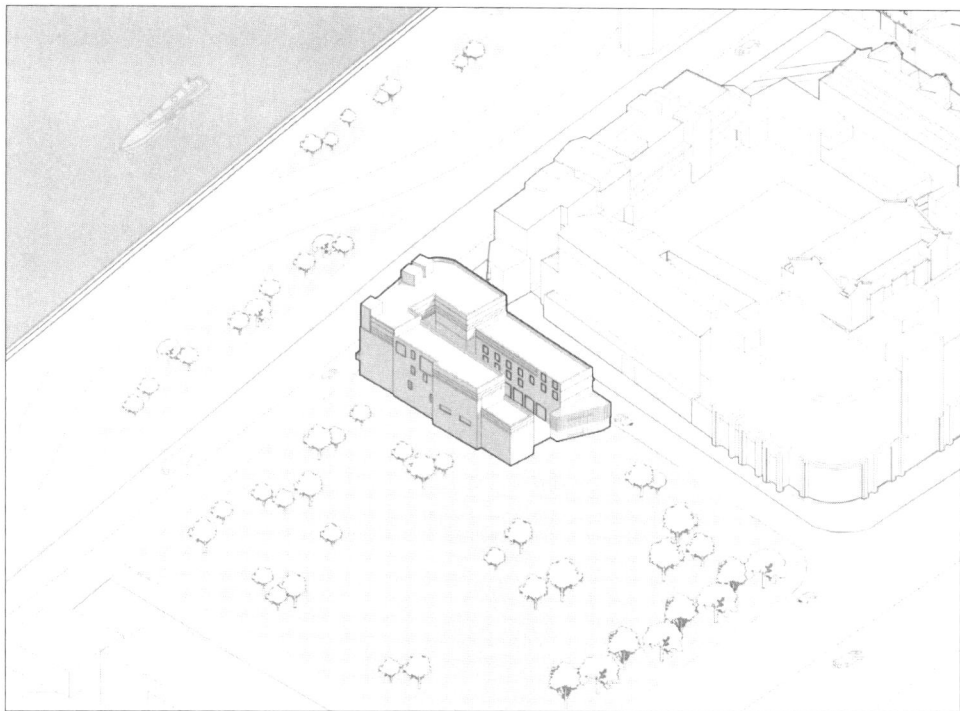

图3-113　水舍酒店微更新建筑与周边环境关系

图3-114　水舍酒店微更新
建筑营造的"Mini Stage"

图3-115　"Mini Stage"
从内向外观看

2. 场地造景

　　场地是造景的第一对象，此处原本的景观社会沉浸于工业遗产营造的浪漫中，以一种图像化的手法强化场所感，用老建筑的混凝土和增设的耐候钢来象征这座江边码头的历史，但却失去了时间变化的规律。加建的锅炉房位于主体建筑的一侧，既相接又不相连，所以在改造过程中，没有刻意去追求材质和形态的延续，而是将图像式的展示转向功能化的使用，以功能驱动形成关于流动和封闭的策略。

新建部分位于原有酒店的端头，于是建筑师选择沿街道、顺从人流导向，自然而然形成"流动"的空间轴线，该轴线将原有建筑的工业氛围"流动"过渡到新建部分主导的公共开放的场地氛围中。新建筑与原建筑相接的立面，底层设计为没有开窗的混凝土外观，延续封闭感，但同时因建筑高度的下降，从老建筑走向新建部分再到广场，封闭感在持续减弱。从封闭到开放，有序流动完成过渡。

另一方面，在材质运用方面则在延续的同时大胆融入新要素，新旧材料的直接对比，加大过去和现在之间的距离感，反衬出场地之间的时间"流动"，历史成为一个背景化的封闭场所。

在材料的选择上，利用之前安亭老街改造中使用过的软件辅助，从周边环境中提取出折叠铝板、水泥材质和色彩元素，然后将这些色彩元素以全新的方式应用到新建部分，使其与周边协调的同时有自己的个性，并将过往的时间以材料的形式凝固。而在特定部位，大胆使用全新材料，让建筑体现当下的时间性。新老材料的直接对比，加大了过去和现在之间的距离感，反而衬托出场地之间的时间流动，使历史成为场所中一个鲜活的元素，而非一个封闭凝固的背景。

图3-116 水舍酒店新建部分面向街道的"流动"

图3-117 水舍酒店新建部分面向场地内部的"流动"

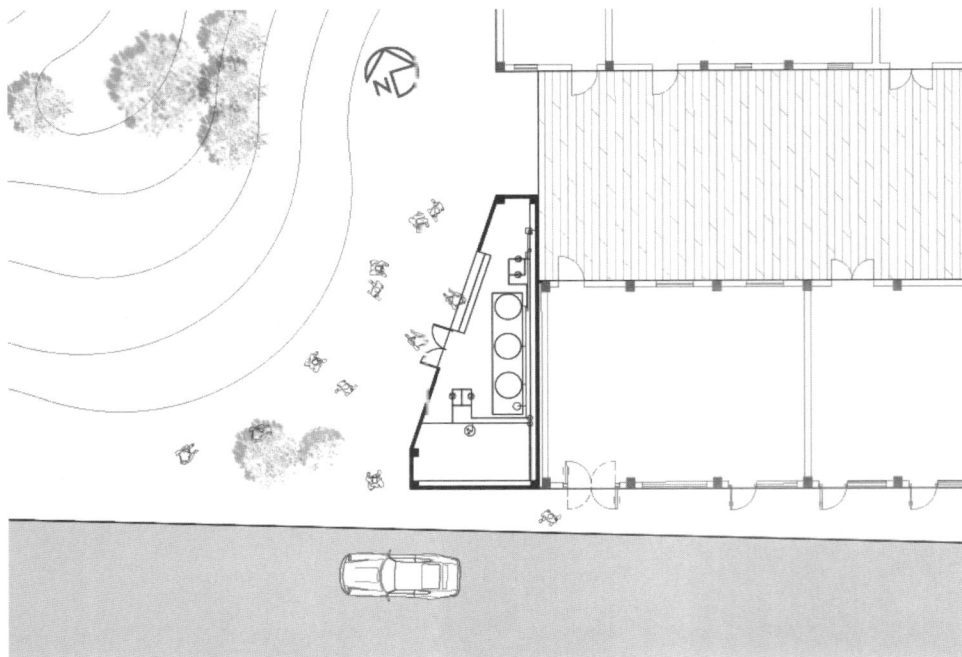

图3-118 水舍酒店新建部分首层平面图

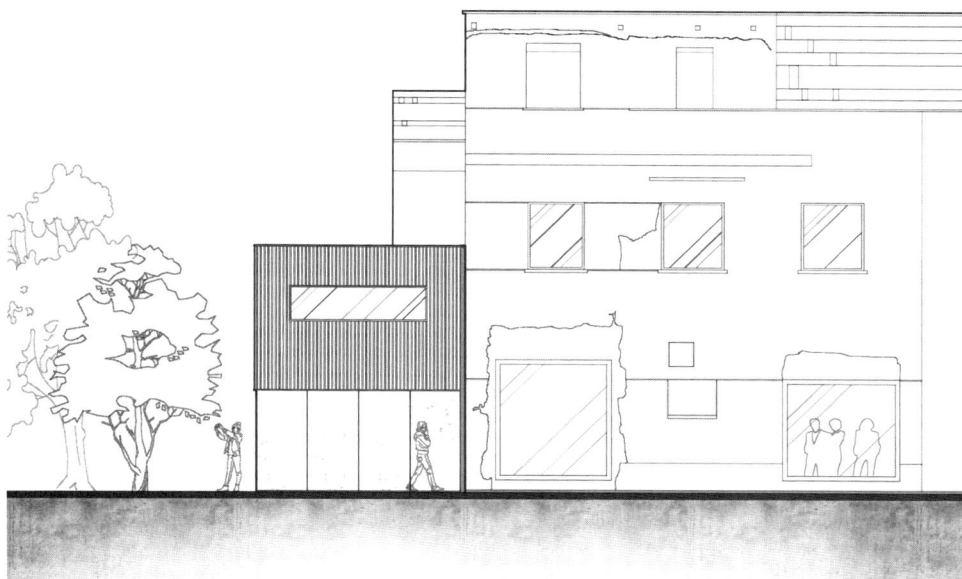

图3-119　水舍酒店微更新部分沿街立面图

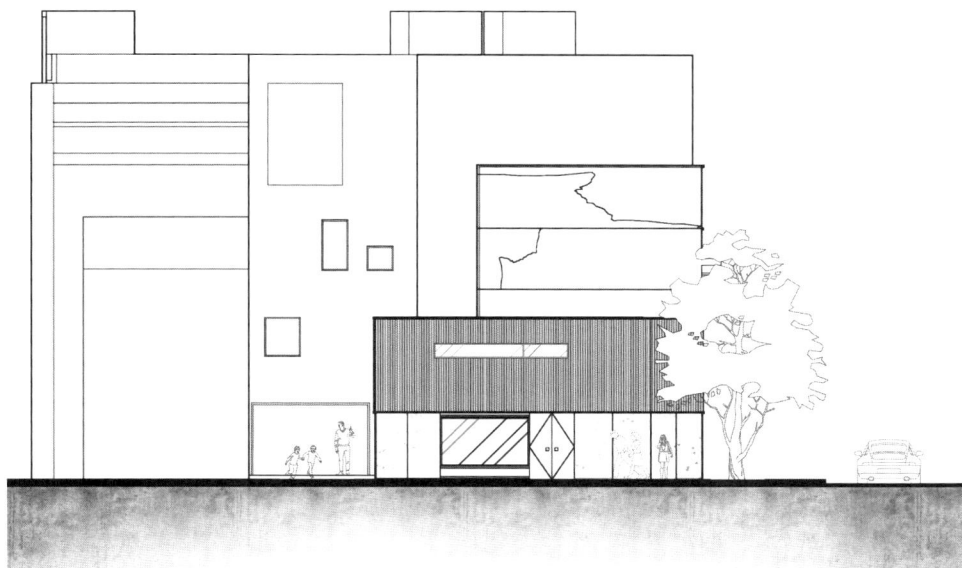

图3-120　水舍酒店微更新部分面向公园一侧立面图

图3-121 水舍酒店微更新后新旧 图3-122 水舍酒店新建部分选用的折叠铝板
材质对比

### 3. 空间造景

同时建筑被赋予了新的功能，在面向开放的城市公园一侧，增加文旅展示窗，立面嵌入一体化的现代造型雨棚、灯光及休憩座椅，强化"流动"后的开放互动性，在建筑中的小公共空间与场地中大公共绿地空间之间形成互相渗透，并使身在其中的使用者建立一种新的观景方式。

当新建微空间和使用者介入到空间造景中，水舍酒店也将会增加新的篇章，书写一个新的故事，与更新后的水舍酒店一起成为该区域城市重新生长迭代的开端，成为外滩故事中的一部分。

正好应了出生于上海的当代艺术家倪卫华的那句话："我们经历的当下都是未来的历史"。倪卫华先生是一位具有实验精神和社会批判意识的当代艺术家，他自20世纪90年代初创作《连续扩散事态——红盒、招贴》《线性城市》等大型系列行为作品起，就引起了艺术界和文化界的高度关注。他的早期作品通过与社会生活语境构成嵌入式的"互文性"，对现代工业化社会进行了一种机智的诘难与反讽。倪卫华先生成为20世纪90年代最具代表性的艺术家之一。1998年至今，他又通过影像（摄影与摄像）创作，以独特的视角聚焦公共领域关键词"发展与和谐"和公共空间"风景墙"，从而成功地实现了他"跨文化、跨意识形态"艺术实验的创作转型。倪卫华的绘画《追痕》系列作品则是他"遗迹"绘画实验的再延伸，他试图通过边缘描摹追溯手法，更加突显"人为"与"偶发"痕迹的交融集合，并将抽象表现主义的痕迹进行"波普化"处理，从而思考一种介于狂野与宁静、感性与理性、自然与人性、瞬间与永恒之间的意味。艺术家裴满意先生是这样评论倪卫华的艺术作品

"追痕"的："倪卫华作为'老牌新锐'艺术家，最近创作的'追痕'系列，颇引人深思。他的可贵之处在于他的敏锐性，是从现实的问题出发，而不是单纯地借用空洞的'哲学理论'。自1989年'新表现'绘画个展以来，尽管他主要从事装置、影像等形态的艺术创作并在国内外获得了斐然的成就，但他依然没有放弃绘画，我在他的工作室几乎看完了其各个阶段的作品。给我的感觉是，他对于每一阶段，他都有着严肃的思考路径与批判方式，是观念逻辑下的递进、嬗变与融超。"

建筑师邀请了倪老师在水舍酒店的墙体上创作新一期《追痕》，由不同年龄、性别和职业的人书写，不断地延续、覆盖和更新，如同水舍的更新改造和城市的关系，希望可以引起"景观社会"和"社会造景"的思考。

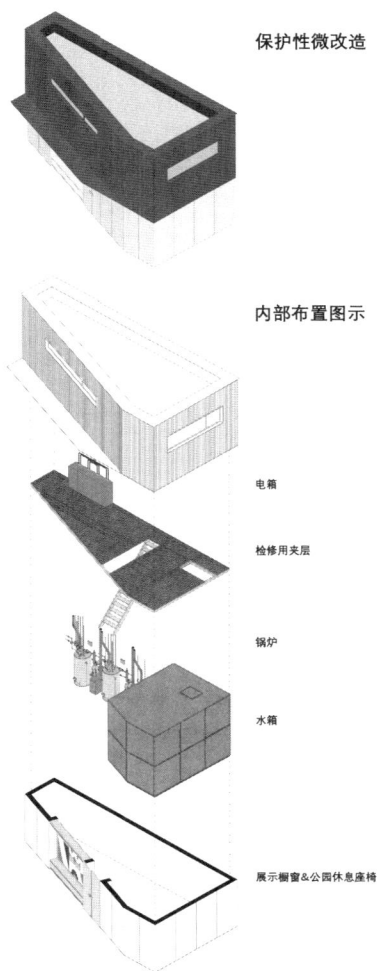

图3-123　水舍酒店微更新示意图

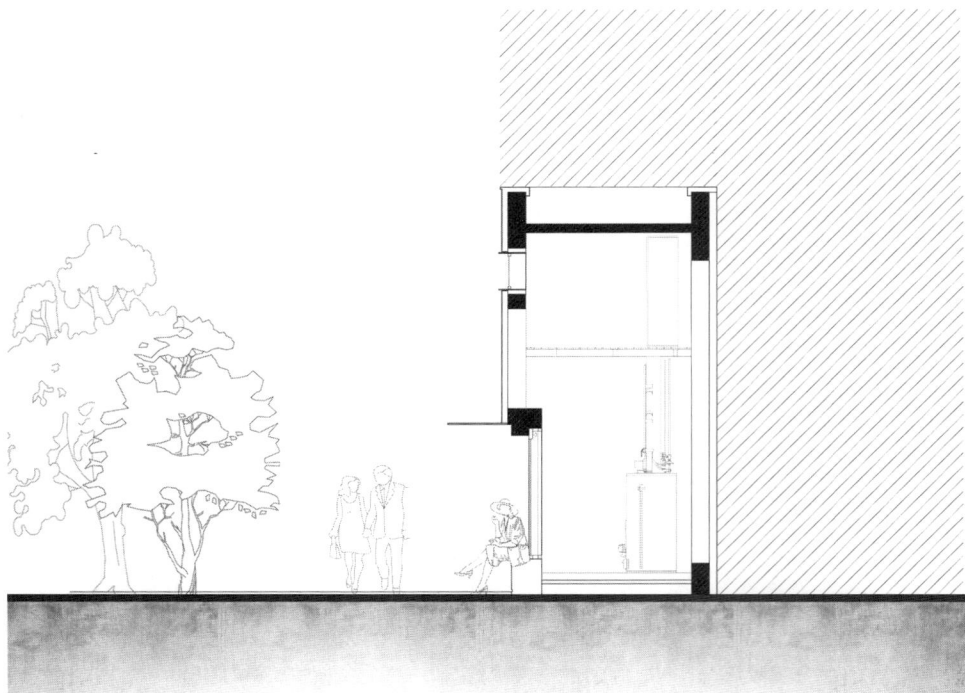

图3-124　水舍酒店新建部分剖面图

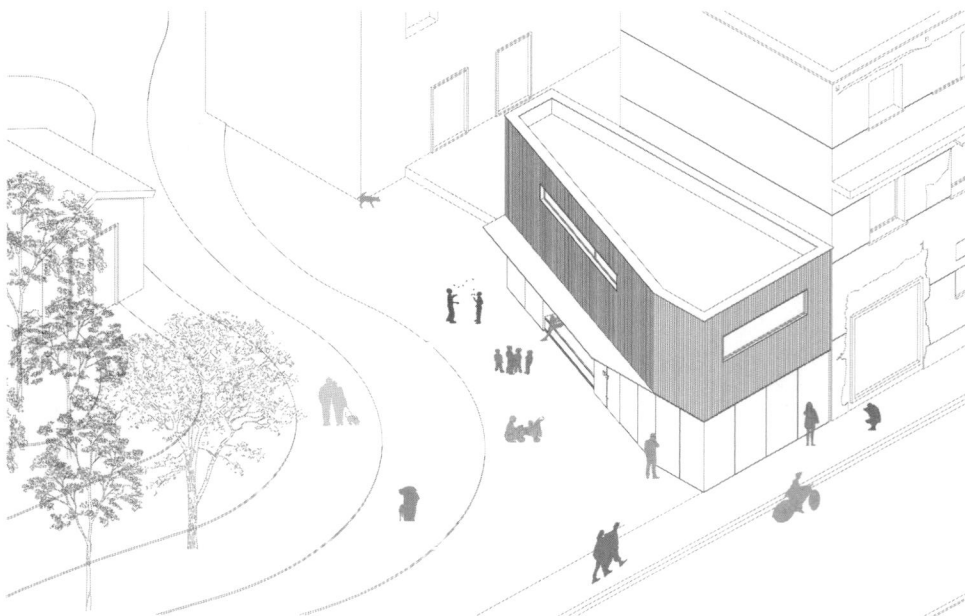

图3-125　水舍酒店微更新后建筑与人群互动示意图

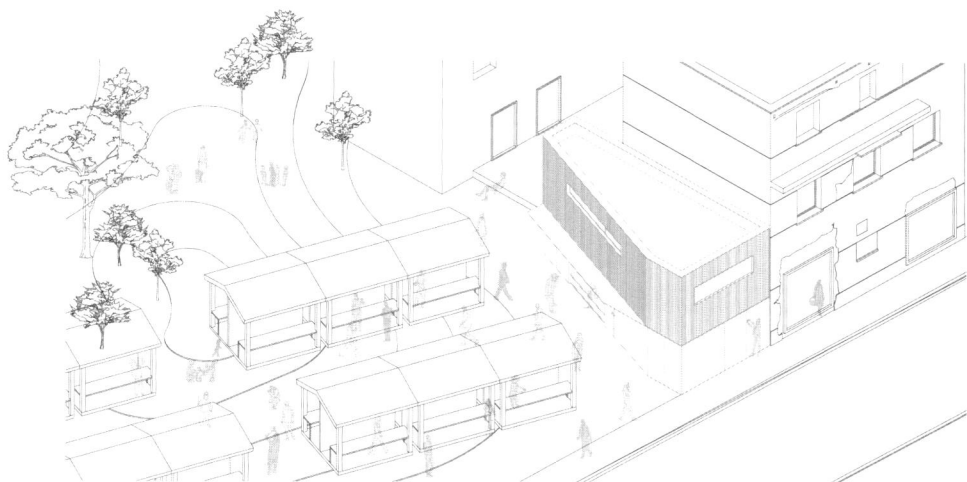

图3-126　水舍酒店微更新后建筑与公园内活动的相互关系示意图

图3-127　在水舍酒店墙体上创作新一期《追痕》

图3-128　艺术创作行为吸引周边居民

　　深处于"景观社会"中，我们很难避开图像设置的陷阱，但也是因为处于这样的环境中，我们才更需要反思，沿着刻板的逻辑轨迹逆向行走，也许不会立竿见影，但可以从小装置微改造入手。水舍酒店微改造，是从历史到当代的过渡，也是从封闭到开放的过渡，更是设计团队从"景观"到"造景"的思维过渡。

　　综上所述，当今的工业遗产更新改造，逐步从空间资源的再利用拓展至城市景观的塑造。在当下以移动互联网搭建的社交环境中，工业遗产更新不仅仅是对建筑物功能形式的改变，更是对后工业化景观的塑造。

　　设计团队借水舍整体改造之机，通过加建的锅炉房在开放城市空间中营造了一个"Mini Stage"，这既是精品酒店与城市公共绿地之间的过渡，也是当下这个景观社会里"社会造景"的"引言"。

图3-129　水舍酒店新建部分融于街道环境之中

图3-130　水舍酒店微更新后街景

图3-131　新旧建筑融合

# 3.6 愚园路艺术直播工作室改造更新项目

**项目地址：** 上海市长宁区愚园路（近江苏路）
**项目规模：** 项目用地面积约365平方米；总建筑面积约567平方米
**项目业态：** 零售商业/直播间

图3-132　愚园路艺术直播工作室沿街外观

## 3.6.1　项目背景

　　街道作为重要的城市空间，承载着人们日常生活的方方面面。一条道路就是一座城市的记忆。街道作为城市文化内涵的主要展示窗口，可以直观反映城市的文明程度和文化内涵。街景不只是一处静态的风景，更是一种反映当地居民情感和历史文化记忆的载体，然而城市快速化建设和人口的流动却让城市风貌逐渐趋同。基于新时代发展的需求，重构具有区域特色、展现街区文化记忆、融入动态发展的人民生活方式，对于提升居民生活质量和突出街景风貌具有重要影响。近些年越来越受关注的城市更新为街道的新生提供了契机。

如今，"人"成为城市发展越来越重要的因素，城市建设也经历了从原有"大拆大建"以适应城市人口激增的初级阶段，转向吸引人、留住人以避免旧城衰落的第二阶段，街道逐渐成为城市更新的重要战场。街道可以从物质层面提供便利的交通，而街景则可以从精神层面作为周边邻里单元传承文化记忆的载体。重构老街区街景，对于提升城市公共空间的活力、体现城市文化内涵、展现城市人文关怀、创造和重构新的城市特色空间具有重要意义。

上海作为中国经济最发达的城市之一，城市发展也率先进入存量更新阶段，这个过程中积累了大量经验和优秀案例，城市更新的脚步一直走在全国的前列，很多成功的城市更新项目非常值得其他城市借鉴与参考。愚园路改造便是一次非常成功的以街区有机更新串联城市更新的尝试。

作为上海市中心最具历史文脉的老街之一，愚园路横跨静安、长宁两区，东起常德路，平行于南京西路向西延伸，经过静安寺、百乐门等历史建筑，向西越过乌鲁木齐北路、镇宁路、江苏路、安西路，最后止于长宁路，到达中山公园，横跨上海西部。全长约2775米，最初成形于1911年，拥有108幢老洋房、60幢优秀历史建筑和不可移动文物、11处文保单位，是上海"万国建筑博览馆"的重要组成部分。百年来诸多著名学者、政要、艺术家、军官将领及工商巨子曾寓居于此，人文历史与建筑风貌相得益彰。横跨长宁与静安两区的愚园路曾是与霞飞路齐名的上海"上只角"，一幢幢老式建筑作为历史的传承者和见证者，讲述着上海城市发展的故事。

随着上海建成区范围的扩大，浦东、虹桥等新城区的发展成为焦点，老旧街区逐渐失去活力。而在20世纪八九十年代"破墙开店"的热潮下，愚园路沿街出现了违章搭建杂乱，公共景观封闭，商业"小、乱、散"等现象。曾与霞飞路齐名的上海"上只角"愚园路，逐渐成为衰老的代表：街道景观破败、商户破落分散，人文历史与商业价值均未被有效利用和呈现。

自2015年起，为了恢复愚园路的街区形象、激活愚园路的商业价值，政府、国资企业、民营企业三方合作，以多节点、分批次的有机更新模式着手愚园路街区的改造。更新模式变"拆、改、留"为"留、改、拆"，最大程度利用现有空间，实现生态环境、文化氛围、产业结构、功能业态、社会心理等软硬环境的延续与更新，唤醒历史记忆，重现城市文脉；在业态内容上，从新商业入手，向文创、设计与艺术方向跨界延伸，使愚园路适应年轻人需求，实现自我革新；在空间形态上，破除围墙，拓宽公共空间，突破道路宽窄规格的限制，植入艺术并常换常新；在产权关系上，先易后难、串点成线、连线成片，由示范项目引领，带动非国有物业资源逐步调整；在管理模式上，实行一体化管理，探索城区管理"流程再造"工作方法，使社区管理由粗放型向精细化转型。

通过上述各类业态创新，新与旧、破与立、文创与商业跨界融合、艺术与生活无界相接，愚园路逐渐恢复了昔日风度，以文化发展为主线，成为一片融海派特色、文创商业、精致居住、创新创业、社区邻里中心和公共空间艺术于一体的综合型街区。作为上海最具代表性的街区之一，历经数年城市更新，愚园路上诞生了"愚园公共市集""愚巷""愚园""愚园百货公司"等众多优秀城市更新案例。

此次改造的愚园路艺术直播工作室原址为愚园路984-1008号，位于上海市长宁区愚园路历史文化风貌街区，紧邻地铁2/11号线江苏路站7号口。原初业态主要以中低端餐饮为主，内部空间尺度狭小且分割零碎，缺乏主次关系。建筑年代也较为久远，年久失修，采光较差，唯独立面上的红砖拱比较符合历史街区风貌。

图3-133 改造前沿街外观

图3-134 改造前街景

作为长宁区愚园艺术生活街区的"头部"地块，愚园路艺术直播工作室是整个愚园艺术生活街区的开端。设计团队通过"记忆延续、形态更新、功能升级、资源融合"四大策略，融入"文创商业、社区民生、艺术文化"三大核心内容，在烟火气和精致生活交织的时空内，孕育出新的街区形态，为广大市民创造了一个既能引领时尚生活方式，又能满足原生态社区实际需求的活力场所。

另外，街道尺度局促，虽然此处人流量巨大，却缺乏一个可以让人安心停留的空间。因此，设计团队选择保留外立面的红砖拱样式，外立面尽量简洁，花更多的精力利用屋顶打造出人性化的屋顶露台，作为城市共享主题花园，为人们提供一处安静的停留之处。

## 3.6.2　整体定位

设计团队认为：愚园路艺术直播工作室承载的不只是网红直播间的角色，更是具有活动性、线上线下互动性的艺术空间的角色。不应从传统街区商业的角度去想，而是应该致力于打造一个可以为年轻人提供更多内容的小型活动空间、停留空间和活动秀场空间。设计更多采用一种微更新的手法，将各种活动分散到街道、露台等室外空间，而这些也成为进行微改造的起点。

相比于上海其他同样具有历史文化的老街，在设计团队看来，愚园路的独特之处一是小型化、分散化的艺术空间，二是为年轻人打造的活动化的定制空间。因此可以将这里看作是年轻人的"艺术生活街区"。所谓的"艺术生活街区"，就是艺术融于生活，而不是生活服务于艺术，将每一个艺术点分散在街道上，融合在生活中的场景之中，而不是集中起来放在某些特定的场景。

例如，入驻愚园路1000号的全国最大的帽子线下店GENZERO，不仅仅是一个零售店，它更是年轻艺术家展现自我的新平台，店里融入装置、设计师联名、限定活动、展览、产品等不同的独特体验形式，打造出年轻有艺术创造力的新生活方式。

"有声马路"也是愚园路独辟蹊径提出的有趣概念。在上海市政府的倡导下，这里正在实施实体化电台——上海公益地标愚园路电台。在这里，通过一处"贩卖声音"的公共空间，探索实现愚园路文化IP与广播网络化生存的深度融合，在触摸声音中打卡文化地标，在打卡地标中聆听百年愚园路的街区故事。

"我们认为街区不应只是以消费为主导的商业零售型空间，更应将艺术、有声有色的生活融入其中，使其成为场景化的一个'有声马路'街区。一个建筑的烟火气会比单纯的学术性更加重要，因此我们希望把生活化的、互动化的元素融入其中，而不是高冷的、学院派封闭空间"，主创设计师贾正阳说道。

同时，在上海工作多年的贾正阳认为，上海这座城市即使对于建筑师来说，也是一个值得永远不停探索的城市。它不仅有着很好的精细化管理能力，同时生活十分便捷。但是，不可否认的是，城市空间存在某种程度上的极端："我们认为现在的城市比较割裂，一种是高高在上、非人的尺度；另一种就是字面意义上的脏、乱、差，容易滋生各种社会问题。我们希望一个城市不仅有很好的艺术气息，同时也要有丰富的烟火气。一个理想的城市应该是将艺术、时尚、音乐等文艺金字塔的内容慢慢融入生活里"。

因此，打造小型活动空间、停留空间和活动秀场空间，让艺术分散到街道中、融合到生活里，让日常生活中这类令人愉悦的小地方成为周边年轻人朝九晚五之外的治愈空间，便成为愚园路艺术直播工作室的设计理念。

1. 前期分析

基地处在愚园路、江苏路交叉口，又紧邻地铁换乘站的出入口，上下班高峰人流量很大，周边居民也较多，因此我们提出"城市退让"的概念，考虑将建筑作局部内凹，打开景观场地，为整个社区街道创造更多的公共空间，缓解拥挤。同时，建筑现有露台视野良好，但未被充分利用，设计时考虑对其进行升级。改造前，

图3-135　愚园路艺术直播工作室整体鸟瞰（日景）

图3-136　愚园路艺术直播工作室整体鸟瞰（夜景）

图3-137　愚园路艺术直播工作室使用示意（上午6时）

图3-138　愚园路艺术直播工作室使用示意（上午11时）

图3-139　愚园路艺术直播工作室使用示意（下午4时）

该建筑以餐饮、零售为主要功能。在设计时，对其功能进行重组，加入更多公益元素。

2. 设计概念及目标

本次改造旨在通过"形态更新、功能升级、资源融合以及记忆延续"四大策略，将"文创商业、社区民生、艺术文化"三大主要内容植入项目之中，打造长宁区的"城市会客厅"，使其成为ART愚园项目的重要节点与枢纽，实现文化再造与公益再现。

设计通过采用高质量的红砖立面、通透的转角立面窗户、城市共享主题花园以及人性化屋顶露台，使其成为愚园路区域内的网红直播文化交流中心，令今后更多历史建筑的价值和潜力能够被重新检视。

### 3.6.3 改造提升策略

在沿街立面的改造中，采取了相对"克制"的设计手法，通过完全贴合原始街道界面并保留原始红砖材质的方式，来延续周边居民的场所感和原始记忆，低调地融合于整个愚园路的历史风貌中。采用此方法的另一层原因是，旧建筑内结构现状非常差，结构加固的成本远超设想，而致力于打造空间的思路也让立面的节制变得合情合理。虽然朴实无华的红砖看似缺少了一丝灵动之美，但可以通过相互之间不规则的穿插、排列与组合，带来别样的视觉感受。在立面采取了局部改变拼砖方向、搭接镂空砖等手法，然后重点在屋顶平台上设计了几何化的拼砖纹理，用红砖拼出各类美丽的图案和花纹，为改造后的建筑增添了几分故事性与韵律感。由于节省了红砖用量，施工队也支持此做法，并在图案完成后同样获得了成就感。

在"克制"的基础上，设计了大面积连续的玻璃界面作为展示面，在转角处打造通透简约的连续飘窗，从而让建筑展现出生动时尚的新气息。一个城市不仅仅需要艺术气息，同时也要具有丰富的烟火气，因此在改造的过程中，设计团队希望把生活化的、互动化的元素融入其中，对接居民生活，提供有内容、有趣味、有温度、有未来的全新生活方式，满足社区动态发展的新需求。玻璃窗主要用来展示前文提到的全国最大的帽子线下店GENZERO的商品，独具特色的展陈和设计感十足的产品，让艺术气息散发到街道上。

图3-140　愚园路艺术直播工作室屋顶露台

图3-141　愚园路艺术直播
工作室屋顶露台一角

图3-142　屋顶露台地面铺装

图3-143　屋顶露台边界空间

图3-144　屋顶露台休憩空间

图3-145　屋顶露台休憩空间立面

GENZERO二楼的屋顶露台，就是设计团队为这个城市的人们在朝九晚五之余，特别打造的一个具有烟火气的去处。露台由原屋顶改造而来，基于屋顶原有的格局，在设计理念上强调"共享、放松、自由"，可以用来冥想静思，也可以用来举办派对。设计团队希望人们身处其中能以松弛的状态面对与之共享空间的新旧友人，享受时间慢下来的自由精彩。2021年9月30日，GENZERO开业当天，人们自发在屋顶露台举办了小型音乐会，人们逛店、听音乐、聚会聊天，感受着这个城市的魅力。

"如今我们已经拥有了各种各样通向户外、抵达自然、逃离都市的方法，但比起仪式感十足的假日，日常里如果能有这样一块星空为顶、花园为底的秘密基地，才是朝九晚五之余最好的治愈"，主创设计师贾正阳如是说道。

图3-146 愚园路艺术直播工作室沿街橱窗

图3-147　愚园路艺术直播工作室沿街橱窗夜景

图3-148　GENZERO内景

图3-149　GENZERO销售空间

图3-150　GENZERO
展示架

图3-151　新旧交错

图3-152　露台音乐会

图3-153　改造后夜景

图3-154　露台音乐会休憩空间

## 3.6.4　设计亮点

（1）人性化屋顶露台：设计为露台加入了休憩座椅，并对立面及铺地等细部做了优化，打造宜人的街景露台。

（2）活力转角主力店：设计将建筑东北转角打造为"网红直播间"，通透的立面为室内活动提供了一定的展示性，为建筑注入活力。

（3）LOGO形象标志化：本次设计为建筑定制了个性化标识，同时与愚园路富有文化、精致的基调相融。

（4）连续的商业立面：由于建筑沿街面较长，由若干个建筑体块拼接而成，设计采用了较为统一的立面处理手法，创造了具有连续性和整体感的视觉效果。

（5）街角生活艺术化：除建筑立面之外，还在建筑东面的室外场地设置了景观休憩空间，为来往人流提供了可以停留的场所。

## 3.6.5　运营管理和更新路径

此外必须指出的是，项目的成功离不开运营方的出众能力和鼎力支持，以及运营方精准明确的运营思路。

在运营管理上，愚园路也有很多值得借鉴的地方。愚园路横跨长宁、静安两区，在长宁段又分属于两个街道辖区，在城市更新、老城区精细化管理实践中，面临物业权属分散、管理分支庞杂的机制梗阻问题。以往街区各管一段、社区各管一摊、部门各自为政的陈旧观念已经难以为继。在此背景下，江苏路街道积极探索城区管理"流程再造"工作法，采取全覆盖、全过程、全天候的一体化管理模式，将原来"各管一段"变为"全路一管到底"，在愚园路上试点"四个打破"——打破边界、打破职能、打破机制、打破体制，推动社区管理由粗放型向精细化转型。

具体做法：一是打破行政区划及公共区域红线内外的边界，实施全路段、全区域管理；二是制定统一管理标准，落实绿化养护、保洁及巡查制度，避免同一地方各单位各行其是的弊端；三是成立愚园路风貌街管理办公室，整合政府职能与资源，委托一家企业集中运营，形成政府企业双平台的管理模式；四是引导沿线企业自律自治，通过政企互通、居民商议，让公众广泛参与社会治理。

而在运营思路上，愚园路从街道到社区再到片区，系统地探索城市有机更新路径。

顺应有机更新的脉络，愚园路的更新注重整体打造，不局限于道路本身及建筑立面的更新，而是从单一的建筑形象更新，拓展至完整的街道更新，进而渗透到弄堂社区，逐步向街区两端延伸。城市更新如藤蔓生长般从道路主干深入弄堂枝干，从点到线、从街区到弄堂、从干道到支流、从街区艺术化空间改造到增强社区居民生活美学体验，愚园路以街区的有机更新串联起整个片区乃至城市的更新。

愚园路东端连接着上海外企总部与奢侈品商场密集的静安寺商圈，西端与中山公园商圈接驳，中部穿过的江苏路是办公集聚的场所，大量时尚潮流人群在愚园路周边集聚，与此同时，愚园路上的居住人口也在向年轻化转移。因此，定位专注于时尚、文化、创意的青年文化社群，生活和艺术融合、零售和体验结合，愚园路打造了一个跨界、创新、体验集合的乐活美学街区，跳出连锁店思维，打响新生品牌突围战。

在业态选择上，运营方跳出连锁店思维，选择个性化、创意型的小众品牌，致力于形成愚园路特有的调性。目前，愚园路上的商户基本形成了自身的品牌风格，它们共同构成了愚园路独特的调性，吸引着业界关注的目光。很多地产商慕名到愚园路寻找潜在商户，借此，愚园路带着自身的名片向外界渗透。

综上所述，从烟火声色的各类精致餐饮，到GENZERO帽子店特立独行的新潮时尚，再到上海公益地标愚园路电台线上线下的实时互动，设计团队创造了一个社交场域、一个舒压空间、一个能自发生长的活力街区，甚至是一种生活方式。

愚园路早期缺乏统一的规划管理，在后续的发展过程中，原有街区被不同历史时期各种形态的建筑侵占，形成了杂乱无章的城市界面。近些年城市管理者通过规划手段，挖掘场地精神，对沿街道路体系进行整治，控制沿线建筑外立面风貌，重建街区景观结构，在有限的空间内打造小而精的街区广场概念，提高公共空间的使用率，恢复历史街区应有的面貌品质，为街区治理探索了一条可行之路。

如今走过愚园路的人们，不经意间会发现这里的建筑在似曾相识的同时焕发出了新的活力，而这种不事张扬的润物无声正是设计团队的初衷。来到建筑的二层露台，螺旋形的铺地、喷泉式的花砖图案，这些细微的设计为这条充满历史底蕴的城市老街道呈现出全新的美好。

图3-155 居民在屋顶露台上休憩、遛狗、聊天

图3-156 屋顶露台成为公共交流空间

# 3.7 幸乐路闵行城市书房改造更新项目

**项目地址：** 上海市闵行区华漕镇幸乐路41–51号
**项目规模：** 项目用地面积约1200平方米；总建筑面积约520平方米
**项目业态：** 书店

图3-157 幸乐路闵行城市书房沿街外观

## 3.7.1 项目背景

近些年随着生活水平的提高，人们越来越注重精神生活的丰富，而依托社区的城市书房则是这种背景下产生的一种全新业态。一本书可以温暖一个人，一间书房则可以温暖一座城市，书房外是喧嚣的城市，书房里是安静的读者，当阅读成为一种习惯，书房便成为心灵的驿站。从图书馆、书店到城市书房，变化的是服务方式和阅读理念，不变的是文化服务的温度和深度。作为一种新型公共文化空间，小而美的城市书房正逐渐成为社区公共配套的新趋势、文化生活的新亮点。

本改造项目为上海市闵行区华漕镇核心区域幸乐路上一座废旧的底商，计划将其改造成为集城市客厅、公益书房、精品咖啡店等多功能于一体的城市书房，带动整个区域的文化及商业氛围提升，为街区注入新活力。

华漕镇核心区域是上海2035年总体规划中虹桥城市副中心的重要组成部分，毗邻虹桥商务区与上海会展中心，周边有大量中高端住宅区，紧邻上海美国学校（Shanghai American School）。《虹桥国际开放枢纽中央商务区"十四五"规划》中提出要推进新一代国际社区建设，打造功能完善的品质生活圈，构建高品质宜居宜业的国际社区。然而幸乐路现状街道缺乏活力、设施陈旧，与虹桥商务区的国际时尚街区的定位显得格格不入，因此亟待升级改造。

要如何将原本商业氛围欠佳的底商重新激活？如何把街道打造成更有趣、更具吸引力的公共空间？如何为街区注入全新活力？这是设计团队面临的难题。

设计团队将"商业、休闲、开放、社群、亲和"等关键词相融合，提出社区生活场景的新提案：通过城市书房的植入为街区注入全新价值，在提升区域文化及商业氛围的同时，为城市创造更多的公共休闲空间和社交机会，在城市界面形成一个崭新的生活互动空间。

图3-158　幸乐路闵行城市书房项目区位图

图3-159　废旧底商

| 改造前使用者 | 工作人员 | 居民 | 访客 | （现有配套设施不完善，使用者较少） | 改造后使用者 | 外籍居民 | 国际学生 | 周围工作人员（1km） |

**外籍居民**
客群构成：周边外籍居民
使用需求：社交、聚会、亲子活动、宠物运
　　　　　动空间；高品质、开放性景观
停留时间：清晨到夜晚

**国际学校学生**
客群构成：以在附近上学的青少年为主
使用需求：具有一定社交鼓励、互动交流的
　　　　　空间，满足休憩、游乐、社交活动
停留时间：主要在放学后及周末

**周围工作人员（1km）**
客群构成：以在周边工作的中青年为主
使用需求：舒适的室外停留空间，满足工作之
　　　　　余的室外办公、室外就餐、休憩、社交
停留时间：主要在12:00－夜晚

图3-160　项目服务人群分析

## 3.7.2　整体定位

作为上海市闵行区华漕镇核心区域街区更新的试点项目，设计团队试图为此类社区存量空间改造寻求一些普遍性的设计方法，通过"立面升级激活街区活力""开启立面提升街道互动""业态更新提供复合空间"三大策略，打造标志性立

图3-161　幸乐路闵行城市书房夜景

面、打破空间分隔限制、融合多元功能，创造出一个更具体验感、有多种可能性以及未来可持续的全新社区公共文化空间，引领街区型商业更新新范式。

### 3.7.3　改造提升策略

#### 1. 立面升级激活街区活力

作为街道界面、建筑立面中最具生机和活力的元素之一，店招是城市街道"烟火气"的重要组成部分。书房店招设计以"心灵驿站"为概念，在立面上创造一个心电图一般的图案，形成充满动感的城市景观，从而打破大众对书店固有的"静态、专注、凝固"的刻板印象。设计以模拟心电图样式的折线为分界线，将上部浅灰色质感涂料与下部亲近自然的防腐木材料结合在一起，形成如心电图般跃动的"心动的信号"。同时巧妙地将灯带与材料接缝相结合，既解决了两种材质交接处不易处理且热胀冷缩可能导致起鼓、开裂等问题，又避免了书房较长的沿街立面带来的冗长感和沉闷感，并且大幅提升了书房的辨识度，传递给人一种温度感与亲和力。

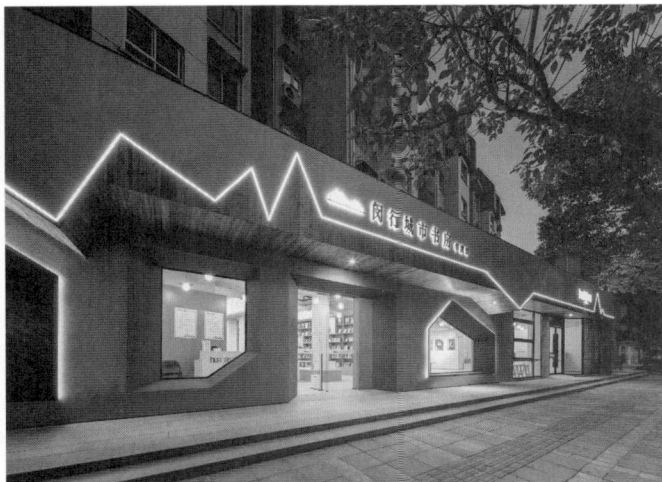

图3-162　立面采用"心动的信号"概念，并结合设置夜景灯光

图3-163　幸乐路闵行城市书房沿街立面

图3-164　灯带勾勒出丰富的立面层次

图3-165 充满动感的街道界面

图3-166 灯带与材料接缝相结合

2. 开启立面提升街道互动

设计团队希望通过改造空间增加人与人、人与书的邂逅，使人们对书产生新的认识，因此将立面打开，让室内和室外空间相互渗透，创造了一个轻松惬意、充满活力的座位区。

设计引入斜线对原有窗洞口进行切分再造，并与檐口处的"心电图"形成呼应，通过大面积的玻璃窗打破室内外的硬边界，增加互动性和视觉上的触碰与连接，并将窗洞与休闲座位区相结合，外轮廓的设计采用了儿童画中的房屋形象，增加亲和力，营造出"城市客厅"的温馨氛围。

图3-167 幸乐路闵行城市书房对街道开放的外立面

图3-168 引入斜线对原有窗洞口进行切分再造

通过与街道互动的可开启立面设计，闵行城市书房在城市界面形成一个崭新的生活互动空间，无论周边居民还是到访游客，都可在此停留小憩，在创造出更多公共休闲空间的同时增加了人们的社交机会，也为居民提供了一种以阅读为蓝本的新的生活方式。

在这里，以阅读之名品读城市，追寻内心的诗和远方。

3. 业态更新提供复合空间

作为全民阅读的新型服务载体，城市书房不仅大大拓展了公共文化服务领域的覆盖面，打通了公共阅读服务的"最后一公里"，更成为一座城市颇具温度的文化地标。

此次幸乐路闵行城市书房以书为媒介，从城市客厅、文创区、城市长廊、儿童阅览区、私人阅览区到咖啡厅，通过合理布局来容纳多样的复合功能，以温馨自然的水绿色、浅米色、明橙色为空间主色调，为不同的业态适配不同的新场景，打造出一个以阅读为灵魂的综合文化艺术空间，并面向居民免费开放。

作为新一代的国际化未来书房，幸乐路闵行城市书房还兼顾了国际社区外籍人士以及国际学生的阅读需求。除引进多种类进口版图书、双语图书外，还打造"先行读书会""It's Book O'Clock/正是书时"双语沙龙，让外籍读者也能体验到不同层次、不同领域的文化活动。

未来，书房还会以读者沙龙的形式，邀请周边中外读者进行读书分享，并定期开展海派文化、科学科普、时尚潮流、艺术鉴赏等主题展览活动，让市民在家门口就可以在温暖舒适的公共空间内享受有知识、有温度、有情怀的公共阅读服务。

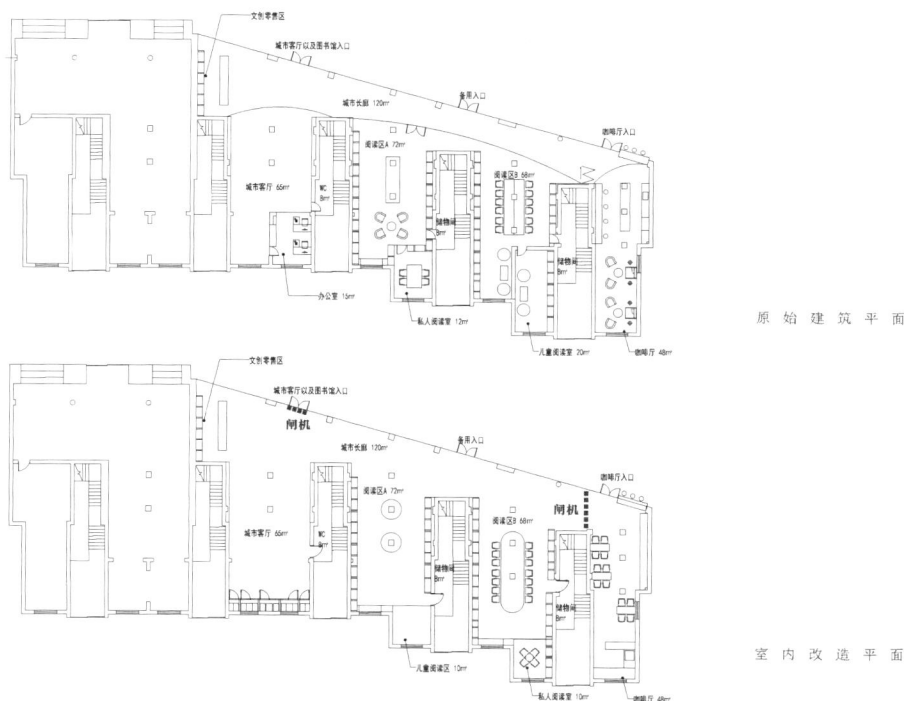

图3-169　幸乐路闵行城市书房改造平面图

图3-170 幸乐路闵行城市
书房阅读区内景一

图3-171 幸乐路闵行城市
书房阅读区内景二

图3-172 幸乐路闵行城市
书房阅读区内景三

图3-173　幸乐路闵行城市
书房阅读区内景四

图3-174　幸乐路闵行城市
书房阅读区内景五

图3-175　幸乐路闵行城市
书房"城市客厅"内景一

图3-176　幸乐路闵行城市
书房"城市客厅"内景二

图3-177　幸乐路闵行城市
书房"城市长廊"

综上所述，幸乐路闵行城市书房立面改造，充分利用街区内闲置、待转型的空间资源，通过设计再造使其成为服务社区的公共空间，既能盘活存量空间并注入文化元素，又能通过辐射带动街区定位转型，引领全新生活方式。这种高效的改造模式为未来街区型商业更新提供了很好的参照，助力活力城市的发展。

图3-178　幸乐路闵行城市书房办公区

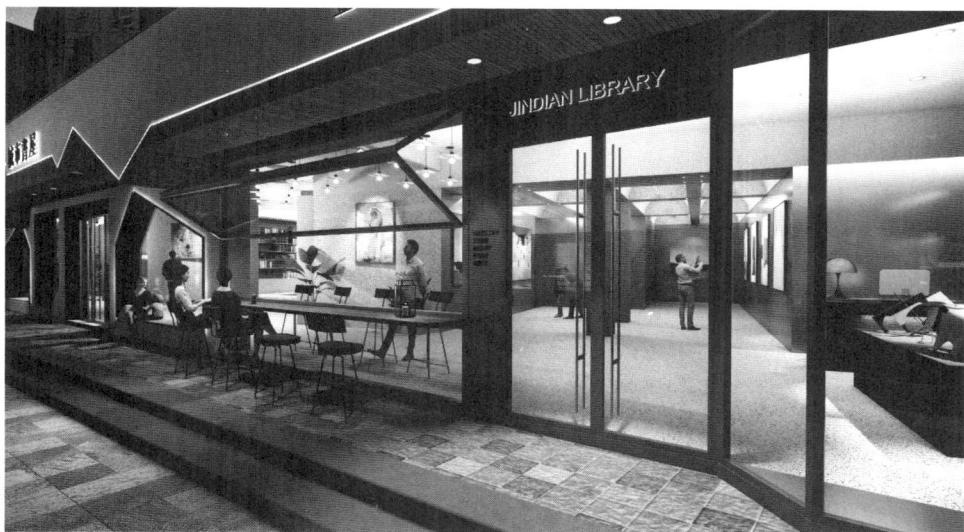

图3-179　幸乐路闵行城市书房立面使用场景

# 3.8 徐行天地改造更新项目

**项目地址：** 上海市嘉定区徐行镇启宁路
**项目规模：** 项目用地面积约13162平方米；总建筑面积约37309平方米
**项目业态：** 零售商业/餐饮/休闲娱乐

图3-180 徐行天地改造更新项目整体鸟瞰

## 3.8.1 项目背景

徐行镇位于嘉定区东北部，距嘉定城中心4.2千米，东和宝山区相接，南紧靠马陆镇、新成路街道，西依菊园新区、嘉定工业区（北区），北与华亭镇为邻。本项目位于嘉定区徐行镇中心，区位条件优厚。

本项目位于启宁路东西两侧，北邻新建一路，南至树屏东路。基地交通条件良好，半径500米范围内有多线路公交站（嘉定62路、17路、68路、20路）；距离地铁嘉闵线新成路站直线距离约1.3千米，3站即可到南翔，换乘11号线，快速对接外环到达市区各主要商圈。

周边住宅区较多，常住人口基数逐年递增，潜在消费力强大。近些年周边相继交付莫里斯花园、佳兆业、金隅金成府、禹洲丁香里、碧桂园嘉隅、绿洲香格丽花园等小区。

教育资源覆盖较全面，基地东南侧有华师大第五附属学校（华五），南侧及北边均配备幼儿园；2千米范围内有徐行小学、城中路小学、嘉定实验幼儿园分园、嘉一联合中学。同时基地1千米范围有徐行嘉璞里市集（基础民生类商业）；2千米路程外有御泰广场；3千米路程外有百联购物中心、日月光中心、信业商业广场、保利五月花。基地周边缺乏业态更为丰富的社区商业综合体，项目发展前景可观。

本项目用地为原徐行佳兆业13-03商业地块，建筑外装接近完工。其项目设计在表现形式上中规中矩，缺乏吸引眼球的亮点。结合工程现状，同时考虑原设计所使用的建筑立面材质（主要为铝板及石材），设计团队收集了一些优秀案例，希望在不大拆大改的前提下，寻找一些原材料搭配适宜的同时能展现出亮点的项目案例，结合自身打造徐行镇新商业地标。

图3-181 徐行天地改造更新项目现状

图3-182 徐行天地改造更新项目沿街现状

图3-183 徐行天地改造更新项目内部

## 3.8.2 整体定位

整体定位：打造"产业特质鲜亮、生态底色鲜灵、治理实践鲜活、文化个性鲜明"的魅力特色新市镇。

文化IP挖掘：挖掘徐行镇草编、竹刻、风筝、武术等当地文化。设计团队希望将这些传统的文化元素通过几何肌理的转变，形成一种设计符号，能够融入建筑的外立面或者室内的空间中，传承当地的传统文化艺术。

发展目标：打造"徐行天地"社区商业项目，形成区别于周边商业体的最大差异，打造出"生于斯、长于斯、高于斯"的氛围与调性，凸显"家门口的烟火气、生活离你5分钟"的主旨概念。推出一站式生活服务、娱乐社交、亲子教乐、场景打卡等需求的综合社区Mall，引入40+连锁品牌徐行首店，满足周边既有9万+居民的生活需求，"家门口的烟火气，不出徐行，乐享生活"。设计提出六大理念——"生活离你5分钟""安居社区引擎""亲朋聚会乐场""恋人浪漫约会""城镇生态之家""不断优化的品牌管理系统"，来打造徐行新地标。

图3-184　徐行天地改造更新项目总平面图

1. "生活离你 5 分钟"

回应徐行镇中心居民的生活需求，响应城镇上位规划的策略，设计强调在日常生活中，各种便利和服务需求都能在离居民居住或工作的地方不超过5分钟的距离内得到满足。这指导了本项目的商业设计概念，强调将各类商业服务和便利设施都设计在人们生活附近，使其在不超过5分钟的步行或短途车程内能够轻松到达。这意味着商业区域的规划要紧密结合社区居民的需求，提供丰富多样的购物、娱乐、餐饮等选择。通过这种设计，创造出一个方便、高效且宜居的商业空间，满足人们日常生活的各种需求。商场内部通过广场空间、动线设计、主题打造、主力店布局、屋顶花园等举措，结合原有双中庭结构在视线通透、流线多样、多媒体互动等方面让消费者获得人际互动的温暖体验、自发社群的归属体验、市集空间的沉浸体验。

2. "安居社区引擎"

设计团队希望充分融合社区民生需求，引入更多丰富多样的业态，以提供中档偏上的购物体验。这不仅为社区居民提供了更多选择，同时也让更多老百姓能够轻松享受到更高水平的购物服务。设计团队不仅仅考虑了主力店的升级，更深入地考虑了各种潜在客群的需求，例如家庭、单身青年、老年人等。在设计中，着重营造各类人群的舒适空间，以确保每个社区居民都能在这里找到适合自己的购物体验。社区引擎不仅是购物场所，更是一个能够满足社区多元需求的综合性社区中心。

3. "亲朋聚会乐场"

改造后的商场，设计团队希望将其打造成一个符合现代消费趋势的场所。主要目标是提供更多的周末聚会场景，吸引更多人共聚一堂，打造徐行镇的城市客厅。设计团队努力回应居民对城市客厅的期望，以服务百姓为主旨，期待"聚会乐场"成为徐行镇的热门聚会选择，为社区居民提供愉悦的聚会体验。通过盒马奥莱、奥乐齐的入驻，打造复合型社交菜场，展现有品质的"菜+食"场和有邻里人情味的社交空间。

4. "恋人浪漫约会"

通过创造清幽而优美的场景，为年轻人打造一场浪漫的约会体验。无论是室内还是室外，都用心设计，打造一系列小场景，使其成为年轻人浪漫的打卡胜地。希望通过这一独特的浪漫之旅，让年轻情侣在清幽的氛围中尽情沉浸，感受徐行的文化之美。这不仅是一场约会，更是对本地文化的生动呈现，期望每一对情侣都在这片浪漫的土地上留下难忘的回忆。

5. "城镇生态之家"

设计中引入生态绿植，以实现生态绿化的目标。这些绿植不仅为居民提供美丽的景观，更有助于为社区居民提供清新的空气，服务百姓的同时营造了宜居的生活氛围，类似于为社区居民提供氧气的生态服务。

在建设过程中，设计团队秉持着尽量避免大拆大建的原则，通过经济实用的方式打造出效果显著的生态环境。在建设阶段注重生态，以减少资源浪费和精力投入，创造一个可持续的居住空间。

6. "不断优化的品牌管理系统"

每年保持10%左右的品牌换铺更新率，引进最新的潮流、网红品牌，保持商场对周边消费者的吸引力与品牌竞争活力，充分发挥鲶鱼效应，结合部分铺位区域打造符合徐行当地百姓需求的互动市集，与众多餐饮品牌形成"食集联动"。

图3-185　项目业态分布示意图

### 3.8.3　改造提升策略

图3-186　改造后西北向效果图

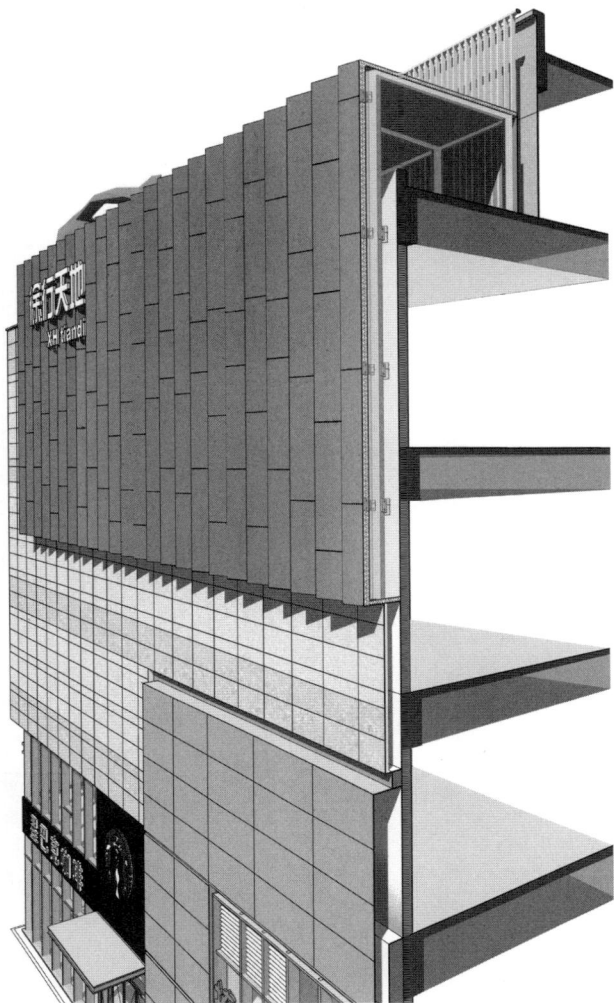

图3-187 改造节点构造
示意图

### 1. 主入口幕墙内在色彩元素的外在体现

在这个项目中，建筑主要的入口位于北侧。原设计在北侧入口的大面积落地幕墙，本应为整个建筑提供引人注目的设计，然而由于内部三层以上存在大量特定业态的功能房间（电影院），导致幕墙缺乏透明感和视觉延伸。为解决这一问题，设计团队在遮蔽入口上方原有的、大面积封闭面的同时，对幕墙内侧空间进行了重新设计，尽可能地通过创造特殊的装饰，重新使其成为一个精美的入口盒子。同时通过灵活广告位，融入LED个性灯光等元素，以期将内部丰富多彩的色彩元素透过主入口幕墙展现出来，与外部广场形成互动。这种设计理念旨在吸引人们在建筑的每一个角落感受到魅力，真正让人能从远处被建筑吸引而来。

## 2. 主入口广场景观延展

主入口广场景观的打造是设计中的关键元素。位于街角的入口广场不仅是城市居民集散的地方，更是人们聚集的社交中心。在这个集合用地上，通过创建亲民的建筑小品景观规划，使其成为外部环境的亮点。

在对原有雨棚和建筑外雨棚的改造上，采取了不进行大规模改建的策略。通过景观设计，引入临时性的软棚，旨在改善室外环境，同时促使室内外形成互动。这个景观式建筑的设计旨在创造一个城市的聚集场所，使人们在这个区域享受更优质的户外体验，并在互动中形成更加活跃的城市生活。

## 3. 沿街长立面广告位再整理

建筑的沿街面广告位原设计相对呆板，通过再整理的手法将这些广告位重新定位，使其更为有机地融入建筑。这意味着重新布局原先占据主要展示面的广告位，以确保它们在保持视觉可达性的同时，能够成为建筑立面的有益辅助，而不使其显得过于商业化，缺乏本地特色。

值得一提的是，经过重新布置的广告盒子不仅仅是商业宣传的手段，更成为建筑的辅助元素，以此突显地方特有的文化和氛围。通过精心整理这些沿街广告位，目地是在不失商业性的同时，充分体现建筑的本土特色。

## 4. 顶层"打卡"亮点盒子

"打卡盒子"通过精心的灯光处理来突显其独特之处。由于它呈现实体的场景表达，具有强烈的视觉冲击和记忆点。设计运用投影技术，将一系列吸引人的打卡元素投射在建筑立面上。在夜晚，这一处理将创造出引人注目的效果，形成一个独特且吸引人的亮点，使整个建筑在夜间焕发生机。这个亮点盒子将赋予建筑乃至区域独特的夜间魅力，成为徐行镇的独特标志。

## 5. 沿街商业情景化街区营造

项目原本的平面布局可以适应各类店铺的运营要求，功能上无须进行大规模调整。以沿街情景化为设计理念，通过在景观上进行微调，使其更具街区化和情景化的特色，打造一些外摆场所，以满足年轻人约会和家庭聚会的需求。通过这些改动，提升内部的商业价值，突显和提高整体商业区的吸引力。这个设计策略强调了商业空间的个性差异化，以更好地迎合不同群体的需求，实现全方位的商业价值提升。

图3-188 改造后西南向次入口效果图

### 6. 次入口个性差异化处理

建筑南端的次入口立面主要采用石材，呈现灰暗的颜色，使整体建筑显得过于重复和呆板。设计团队希望通过与亮点盒子相呼应，利用相同的材质，体现各个入口的个性化。此外，对于南侧入口，保留未来进行一些临时展览或活动的可能性，采用膜状幕布类材料，可以快捷地更换建筑外立面。这种可创造价值的设计可以为不同的秀场表演提供场地，使入口区域空间更加灵活多变。

不仅如此，在立面细节上，融入徐行的独特文化产业特征，设计例如风筝元素、草编图案等艺术肌理，以丰富次入口的视觉体验。通过这些设计元素，创造出一个极具个性化且多功能的次入口区域，使其更具吸引力和活力。

### 7. 建筑绿色生态景观露台营造

建筑南端与次入口相辅相成的是绿色生态景观露台。绿色植物的选择考虑到了本地气候和生态系统的特点，可以采用花箱的形式，以确保其在后期运营中便于养

图3-189 改造后室内效果图

护和更换，使其在不同季节都能保持鲜绿。植物的运用，能够创造舒适的视觉效果，是提升可持续户外空间价值的精心设计。在绿色平台上设置休憩的座椅，同时规划一些餐饮外摆区域，这个景观露台不仅仅是一个生态体验的场所，更是一个与自然融为一体的社交空间。

8. 徐行时光文化 IP 植入

在室内打造地道的本地文化属性，通过引入一系列江南水乡的文化符号，结合徐行当地的民间传统文化内容，如草编、竹刻、风筝等艺术，通过设计手法将其符号化，实现徐行特有的IP植入。这将创造一个以场景化体验为主导的空间，主要应用于中庭区域的改造设计。这不仅为内部重要的空间节点提供了独特的体验性，游客在探索的过程中还能感受到时光文化的独特魅力，也成为对本地文化的生动宣传，促使人们更好地了解和珍视这一地方的独特之处。

9. 灯光软装结合打造嘉定北网红打卡地标氛围感

设计团队致力于将商场打造成一个具有"网红氛围"的夜间目的地。在商场原有外立面基础上，结合灯光和结构的装饰性改造，突显建筑轮廓，创造出夜晚独特迷人的外观。在不同节日和活动期间引入特色软装，如节日主题灯饰和悬挂装饰，以打造富有吸引力的打卡氛围。这将使商场成为夜经济中备受瞩目的场所，吸引更多人在夜晚欣赏独特的建筑景观，促进夜间消费和社交活动，"点亮徐行夜之美"。

综上所述，在避免大拆大建的前提下，通过系统性的微改造，运用外立面局部亮点提升、室内内装、景观营造、灯光氛围营造、IP艺术化处理等软硬结合的设计手段，充分考虑城市形象，回应项目运营需求，打造一个属于徐行镇的，亲民、生动、有烟火气的新地标。

# 第 4 章
# 北京、东京与上海城市更新之对比及启示

# 4.1 北京城市更新发展历程

经历了过去几十年的快速建设，我国城镇化率已达到了65%，中国将出现从高速建设到城镇化放缓的拐点，国内的特大城市和大城市近几年都不约而同把城市更新当作建设工作的重点之一。城市更新是城市发展达到一定阶段后的必然结果，也是城市在消费升级和产业升级等形势下所必然面临的重要问题。

北京作为全国第一个实现减量发展的城市，在"控增量、促减量、优存量"的城市发展思路指导下，过去几年内相继完成了北京城市总体规划、城市副中心控规、首都功能核心区控规等重大发展规划，城市发展的重点从一味谋求增长转向疏解非首都功能，以谋求更大发展空间转变。

回溯北京城市更新发展历程，新中国成立后中共中央在北京旧城的基础上建设新城，标志着当代北京城市更新的开端。新中国成立初期的北京旧城大体延续了明清以来的都市面貌，随后开始了大规模的城市更新以使北京适应新中国首都的要求。这一时期政治、经济形势变数较多，城市更新工作也是在曲折中不断探索。由于百废待兴、物质匮乏，国家发展的主导思想是以生产为主，所以本阶段的城市更新工作主要是为满足机关办公、工作生产和一部分配套居住的旧城改造。旧城改造工作以政府为主导，重生产轻生活，政府自上而下的指导缺乏灵活性和适应性，导致北京基础设施缺口极大，居民居住条件较差，因此违章建筑大量涌现，从而又导致生活环境遭到进一步破坏。"文革"初期规划部门被撤销，城市规划活动基本停滞。

我国在1978年党的第十一届三中全会后迎来了改革开放，北京城市更新的思维方式和价值导向开始转变，更新活动的数量和速度都明显提升。这一时期的总规提出了要改善居住、控制工业发展的新思想，标志着城市建设指导思想从先生产后生活到生产与生活并重的重大转变，旧城更新也不提倡大拆大建，而是首次提出了有机更新的理念，城市历史文化载体的保护也更加注重整体性。

20世纪八九十年代，北京面临产业"退二进三"的问题，开启了商业开发带动危改的时代，为了提高市场主体的积极性，政府颁布了一系列相关的激励政策。这种做法虽然确实高效推动了城市更新的实施，在短时间内优化了城市功能布局，上一阶段造成的生活基础设施短板也得到很大程度的补足，同时为市政府财政和居民生活改善做出重大贡献，但大量传统的胡同和院落直接被拆除，原居民负担不起新建住宅价格而被迫外迁，新建建筑往往是土地使用效率高、经济效益好的大体量、高密度现代建筑群，对北京这座古都的历史风貌造成了不可逆的破坏。这一阶段的城市更新工作以房地产开发商的建设为主，虽然高速高效，但也造成了很大的负面影响。

进入21世纪，自然资源和历史文化的保护越来越受到重视，原先的大拆大建模式越来越不合时宜。过去成片拆除重建的增量建设模式已很难应对城市发展新阶段的要求。北京市在21世纪最初几年先后确定了多片历史文化保护区，标志着北京历史文化名城点、线、面的保护框架基本形成。随着2004年北京城市新的总体规划编制完成，北京城悠久的历史文化得到了全面重视，整体保护和有机更新开始成为城市更新的主体思想。这一阶段的城市更新工作都需要在尊重历史风貌的前提下渐进式地进行，同时引入公众参与、多元共治等理念，使原居民的需求开始得到关注。城市更新的内涵和目标也更加多元，不再局限于物质环境的提升改造，而是希望通过更新调整功能结构、完善公共设施、保留历史文化，从而提升街区活力，让原居民有归属感，让游客有独特体验，提升城市整体竞争力。

伴随着最近新版北京城市总体规划的批复，北京的城市更新工作也正式进入全生命周期管理的新阶段，城市更新进入了全新的系统工程阶段。

# 4.2 北京城市更新面临的问题及应对

## 4.2.1 北京城市更新所面临的问题

北京的城市更新需要落实新时代首都定位、补齐城市功能短板、为城市发展找到新的增长点，同时建设指标减量和城市历史文化保护等一系列限制条件决定了北京的城市更新诉求大而限制多，面临诸多困难。

各项困难中首先是建筑规模增量空间小。中共中央、国务院明确北京应"严格控制城市规模，以资源环境承载能力为硬约束，切实减重、减负、减量发展，实施人口规模、建设规模双控，倒逼发展方式转变、产业结构转型升级、城市功能优化调整"。在减量发展的前提下，项目本身所能带来的回报便受到格外的关注，政府对能在短期内为地区经济发展带来显著提升的项目有更大的实施积极性，对补齐功能短板和提升居民生活品质的非营利性项目则积极性不高，且此类项目也难以吸引社会资本，因此城市更新的重大功能之一——"补齐城市功能短板"的实现效果必然受到影响。同时，北京城市更新独立的小型项目占比大，分布也比较分散，加之对短期内经济效益好的项目的资源倾斜，这种缺乏区域统筹的城市更新容易导致一个地区好的地块都被优先开发成商业类项目，而大量条件较差的项目无人问津，从而造成整体上的"合成谬误"，即：区域劣势更新任务未能与优势更新资源进行有效捆绑，长此以往，将导致区域的基础设施欠账越来越多，历史遗留问题处置越来越难，环境品质持续下降进而反噬此前的成果。当前已实施的孤立散点式城市更新项目大部分属于快速见效的资本盈利运作模式，这种模式决定了其更多的是对区域的优势更新资源进行空间和产业升级，而非针对功能的不足进行补充，"锦上添花"多于"雪中送炭"。

此外，土地政策不清晰也是一大问题。土地政策中的土地配置方式、土地过渡期结束后的处理、更新项目土地使用年限的计算以及土地价款的补缴标准等方面缺乏有效的支撑措施，如土地配置方式拘泥于传统招拍挂、城市更新项目适用土地过渡期政策的情形及相关手续办理要求还有待规范、土地过渡期政策到期后的管理方式不明、适用过渡期政策的项目如何办理用地手续等，这些政策的明晰与否将直接影响市场主体参与城市更新项目的动力和信心。

## 4.2.2　应对措施——构建全生命周期城市更新管理制度

应对这些问题不能单靠单一的对策和分散的行动，而是要构建整体的组织架构。近几年北京针对城市更新相继出台了《北京市城市更新条例》等一系列文件，并且在2021年初推进组织架构搭建，由市委城市工作委员会设立城市更新专项小组，由市长担任组长，由市委、市政府主要负责人领衔，协调推进北京城市更新各项工作任务落实。小组的工作重点是研究重点难点问题并有针对性地部署年度重点工作，推进过程中定期掌握各方推进任务的情况。专项小组下，还设置了工作专班，分别承担日常事务、配套政策、资金筹集等工作。

其中，规划政策专班负责在落实专项小组常规任务的基础上，对政策在自上而下和自下而上两个方向的顺畅传导做了重点投入。一是搭建"城市更新规划统筹协调平台"，加强自上而下的传导与监督；二是建立规划政策专班季度评估机制，畅通自下而上的反馈与沟通，打造城市更新全生命周期管理和评估的制度闭环体系。

搭建好组织架构后，还要加强城市更新活动中的规划引领。城市更新地区规划属于控制性详细规划范畴，对上需落实总体规划、分区规划的各项目标指标和刚性管控要求，对下则需要有效引导和支撑城市更新行动计划。此外，横向上还需要与其他经济社会发展规划有效协同，如此才能确保城市更新活动真正实现城市功能完善和提质增效，让城市整体效益得到提升。因此，必须要加强对城市更新活动的规划引领。

北京在推进城市更新时多以街区为单元，在街区层面对资源与任务进行整体统筹、"肥瘦搭配"。北京将街区规划明确分为增量街区规划和存量街区规划两种编制方法，重点区分"刚性管控"与"引导完善"内容，构建"图则、导则加规则"三位一体的编管模式。增量街区以必须严格执行的管控图则来体现控规刚性要求，而导则更多体现弹性引导要求。存量街区则在此基础上增加了"存量更新导则"，导则梳理街区范围内闲置低效的建筑和空间，对这些存量资源的类型、分布、功能、规模、权属等信息进行汇总，据此提出更新利用的引导方向和实施要求，既增强了城市更新活动的规划引导，又保留了一定程度的灵活性。

在搭建了组织架构并加强了规划引导后，政府的控制力得到了保障，但要让城市更新活动有源源不断的动力，还需要在制度设计上进行创新以释放政策红利。

北京城市更新激励政策体现在结合实际情况及时出台小、快、灵的政策细则，用以针对更新活动中遇到的堵点、难点，通过小切口推动大改革。例如旧区改造中经常遭遇的土地利用方式及年限、异地置换、价款缴纳等方面的问题，这些问题此前缺少明确的政策规定，导致很多项目因建设方担心缺乏保障而难以推进，现在政府通过提出支持政策给市场主体以信心，释放了市场主体参与城市更新活动的热情。2023年3月1日起正式施行的《北京市城市更新条例》则是对这些政策文件通过法规形式进一步地明确和固化，为北京的城市更新工作提供了法治保障。《北京市城市更新条例》从规划、土地政策方面给出具体措施，保障城市更新的顺利推进。

另一个重要的在制度设计上的创新体现在规划政策方面，通过提供制度弹性、明确实施路径、丰富供地方式，积极吸引社会资本参与。例如，允许商业服务业类建筑用途之间相互转换、工业以及仓储类建筑转换为其他用途，解决城市更新中合理变更建筑和土地使用用途审批困难的问题；对无审批手续、审批手续不全或是现状与原审批不符的建筑，分情形予以处理，为旧建筑更新中常遇到的违章建筑问题提供了明确的解决路径；城市更新中建筑间距、退红线、日照时长、机动车停车数量等无法达到现行标准和规范的，可以按照改造后不低于现状的标准进行审批，而此前只能通过复杂耗时的专业论证一事一议；通过消防性能化设计，解决城市更新中既有建筑改造难以满足现行防火标准的难题；针对不同情况提供租赁、出让、先租后让、作价出资等不同的土地供应方式，明确土地过渡期政策、降低土地使用成本、灵活确定土地使用年限以解决剩余年限不足等，相关规定直指城市更新实践中的难点、痛点，极大地提升了城市更新活动的效率和活力。

在上述工作的基础上，北京还以实践反向促进政策推进，通过搭建多元协商平台，统筹发挥政府、市场、公众的办同作用。北京通过举办类似"北京城市更新最佳实践评选"等活动，对社会起到很好的示范效应。

城市更新是一项社会治理层面的公共政策，北京逐步建立了政府部门引领、社会力量参与、责任规划师技术支持、居民群众共建的城市更新全生命周期可持续保障制度框架，变一次性工作为长期动态跟踪改进，变独立项目更新为以街区为单位的整体综合更新，推进北京的高质量城市更新之路。

### 4.2.3　推进综合更新——控规编制方法的创新

改革开放后的快速城镇化过程中，城市空间需求急剧扩张，为应对大规模的土地出让和项目建设审批，控规应运而生。在增量扩张阶段，控规所具有的规范化、标准化、保底线、量化管理、操作性强等特点使其对我国城市建设发挥了巨大作用。但进入存量更新阶段后，这种自上而下的管控方法在面对存量地区纷繁复杂的现实状况时，表现出诸多不适应性。

首先，传统控规编制与实施以经济的快速增长为主要目标，更多是自上而下，以目标为导向。而存量更新地区由于建成时间长，往往面临基础设施陈旧、空间品质差等各类问题，控规的编制与实施应以自下而上的问题导向为主。

其次，传统控规是定量化管理，具体落实为地块层面的控制指标，主要为满足快速规划审批的需求。面对存量更新的新常态，城市发展的需求不断提升，但针对复杂的存量建筑现状，相关政策及实施路径尚在探索阶段，导致发展的不确定性很强，传统控规的刚性指标与存量更新的不确定性之间出现难以调和的矛盾。

再次，传统控规层面管控单元的划分多根据城市功能布局与形态、河流、道路、铁路等空间要素划定，相对较为规整；而从行政管理体系来看，更新地区已形成稳定的管理架构，行政边界多由各类历史因素共同作用形成，往往犬牙交错，与自然边界多不一致。因此在存量更新实施时，经常出现地块的空间边界与当地的行政管理边界不统一的情况，导致责任主体不明、数据统计不畅、实施管理不顺等问题，影响城市更新活动推进的效率。

最后，传统控规的土地产权主体是虚设的，规划指标是作为政府出让土地的前置条件来引导和控制开发商的建设行为，利益主体单一明确。而存量更新需要建立在尊重产权主体利益的基础上，更新方案必须充分尊重土地权利人的意愿，规划实施过程也是利益的协调过程，前置的硬性控规指标无法满足要求，必须有充分的灵活性。

基于上述情况，为应对存量更新时代的新挑战，要求对规划的编制体系、编制方法进行创新，向着更加精细、精准的方向发展。

一是以街区为单元进行城市更新规划。北京与其他许多城市不同，相比以单个项目更新改造来推动城市更新，更加强调以街区为单元进行整体的统筹规划，在此基础上再按一个个项目来制定更新方案。以往每一个地块的规划指标都被明确管控，而存量更新需要经常性地改变地块指标，频繁地调整易导致建设面积总量的突破和效率的下降，也在一定程度上影响规划的严肃性。以街区为单元进行控规编制可以极大改善这类问题，将各类规划指标在街区层面进行总量的刚性管控，同一街区的不同项目之间就可以进行指标的整体统筹，既提供了单个项目的灵活性，为适应市场及城市发展的需求变化预留了空间，又保障了整体指标的落实，发挥了控规底线管控的作用。

二是空间管控与社会管理相匹配。新建地区主要考虑功能分区、道路河流等自然要素边界的影响，进行分区管控。存量地区有别于新建地区，已具备完整且稳定的社会管理体系，街道（镇）、社区（村）等管理范围明确，职责清晰。在空间划定上，应充分发挥既有行政管理体系的优势，形成与社会管理层次相衔接的规划管控体系，切实发挥街道及社区在城市治理中的作用。

三是根据新的治理特点改进规划编制方法。北京以街区控制性详细规划作为统筹街区空间资源的有力手段，鼓励和推进片区综合更新。存量城市更新的控规编制步骤为：通过详细勘测存量建筑制作问题清单和资源清单；通过政府、市场、公众的多元协商形成需求清单和愿景清单；在此基础上进行整体策划，形成策略清单；政府根据规划协调相关政策，列出政策清单；最后制定实施计划，形成任务清单和项目清单。

新方法的重点是：问需于民，问题导向，自下而上与自上而下相结合；精打细算，将存量空间资源摸清，使潜力最大化；政策规划相融合，实现多元共治；变一次性工作为长期动态跟踪，持续生成街区更新任务和项目清单，动态纳入城市更新行动计划。

综上所述，北京市对控规编制方法进行创新，兼顾刚性管控与弹性引导，提升了国土空间规划运作体系的整体成效。新的存量地区规划是渐进的计划生成与持续的规划实施，在这个过程中北京控规体系的实施机制、政策保障等方面的变革仍在持续更新和完善。

# 4.3 北京与上海城市更新条例对比

北京和上海作为国内发展较快的城市，也是在城市更新领域探索较早的城市。上海在2015年颁布的《上海市城市更新实施办法》是国内最早的一批正式的城市更新法规文件，此后随着《上海市城市更新规划土地实施细则（试行）》《上海市城市更新操作规程（试行）》等一批配套规章制度的颁布，上海城市更新专项制度体系初步搭建完成。而2021年8月25日上海市第十五届人民代表大会常务委员会第三十四次会议通过的《上海市城市更新条例》（详见附录一）则标志着上海城市更新的法治化建设进入了全新的阶段。该条例已于2021年9月1日开始施行，对上海市的城市更新活动起到了很好的推进作用。北京早期的城市更新多以政府主导，而随着城市的逐步发展，原先的模式也暴露出越来越多的问题，2022年11月25日北京市第十五届人民代表大会常务委员会第四十五次会议通过了《北京市城市更新条例》（详见附录二，于2023年3月1日开始施行），该条例对之前很多城市更新特有的问题做出了针对性的回应，成为北京市城市更新法治化建设的总纲。

对比上海、北京两市的城市更新条例，既可以看出当下存量发展时代的共性，也能看出其各自基于自身特点的针对性安排，为其后的制度完善以及其他城市的法治建设提供经验。

1. 两市城市更新条例最大的不同当属其适用范畴。

《上海市城市更新条例》中明确指出：旧区改造、旧住房更新、"城中村"改造等城市更新活动，国家有相关规定的，从其规定。旧区改造、旧住房更新、"城中村"改造的计划、实施等方面，本条例未作具体规定的，适用本市其他相关规定。

而《北京市城市更新条例》在开篇便指出：本条例所称城市更新是指对本市建成区内城市空间形态和城市功能的持续完善和优化调整，具体包括：

（1）以保障老旧平房院落、危旧楼房、老旧小区等房屋安全，提升居住品质为主的居住类城市更新；

（2）以推动老旧厂房、低效产业园区、老旧低效楼宇、传统商业设施等存量空间资源提质增效为主的产业类城市更新；

（3）以更新改造老旧市政基础设施、公共服务设施、公共安全设施，保障安全、补齐短板为主的设施类城市更新；

（4）以提升绿色空间、滨水空间、慢行系统等环境品质为主的公共空间类城市更新；

（5）以统筹存量资源配置、优化功能布局，实现片区可持续发展的区域综合性城市更新；

（6）市人民政府确定的其他城市更新活动。

以上内容基本将土地一级开发、商品住宅开发之外的大部分建设活动涵盖在内，使其适用面相比上海市的城市更新条例明显更大。

2. 两市城市更新条例都强调"留改拆"，强调加强基础设施和公共设施建设、优化区域功能布局等目标。且均指出实行"留改拆"并举，以保留利用提升为主。

3. 上海市沿用了此前以试点来推进制度建设完善的方式。

《上海市城市更新条例》为浦东新区的城市更新做了特别规定，支持浦东新区在城市更新机制、模式、管理等方面率先进行创新探索，条件成熟后再在全市推广。其中重点提出几个探索方向，包括统筹开展原成片出让区域等建成区的更新、探索建设用地垂直空间分层设立使用权、推进城市更新空间复合利用等。此外还特别指出要创新存量产业用地盘活、低效用地退出机制。深化产业用地"标准化"出让方式改革，增加混合产业用地供给，探索不同产业用地类型合理转换。

用试点进行制度探索，成功后再向全市推广的做法体现了上海市在城市更新活动中一贯的谨慎作风，积极进行制度创新的同时将风险控制在可接受范围内。

4.《北京市城市更新条例》对各类型更新对象进行了单独说明。

《北京市城市更新条例》对首都功能核心区平房院落、位于重点地区和历史文化街区内的危旧楼房和简易楼、老旧小区、老旧厂房、产业园、市政基础设施以及公共空间等做了针对性规定。

对于首都功能核心区平房院落保护性修缮，特别指出要加强历史文化保护，恢复传统四合院基本格局；实施危旧楼房和简易楼改建的，物业权利人可以提取住房公积金或者利用公积金贷款用于支付改建成本费用，并规定改建项目应当不增加户数，但可以利用地上、地下空间，补充部分城市功能，适度改善居住条件，可以在符合规划、满足安全要求的前提下，适当增加建筑规模作为共有产权住房或者保障性租赁住房；老旧厂房更新改造在符合规范要求、保障安全的基础上，可以经依法批准后合理利用厂房内部空间进行加层改造；对于低效产业园区更新，区人民政府应当建立产业园区分级分类认定标准，将产业类型、投资强度、产出效率、创新能力、节能环保等要求，作为产业引入的条件；在一定条件下，明确规定可以在商业、商务办公建筑内安排文化、体育、教育、医疗、社会福利等功能，还可以用于宿舍型保障性租赁住房；对于市政基础设施更新改造，提出要推进综合管廊建设；老旧公共安全设施更新改造则重点强调要提高城市韧性，提高城市应对多风险叠加能力，确保首都持续安全稳定。

《上海市城市更新条例》则缺少相关内容，更多靠次一级规章制度进行补充。对于推进综合管廊、公共充电桩、绿色建筑改造、海绵城市、地下空间利用、公共空间微更新等要求，只在开展城市更新活动应当遵守的一般要求内统一进行了表述。

5.《北京市城市更新条例》对现状建筑通过改造无法满足现行标准，以及为了满足标准而增设的设施导致辅助面积增加等问题进行了单独说明。

《北京市城市更新条例》指出，在保障公共安全的前提下，城市更新中既有建筑改造的绿地率可以按照区域统筹核算，人防工程、建筑退线、建筑间距、日照时间、机动车停车数量等无法达到现行标准和规范的，可以按照改造后不低于现状的标准进行审批。城市更新既有建筑改造应当确保消防安全，符合法律法规和有关消防技术标准要求。确实无法执行现行消防技术标准的，按照尊重历史、因地制宜的原则，应当不低于原建造时的标准；或者采用消防性能化方法进行设计，符合开展特殊消防设计情形的，应当按照有关规定开展特殊消防设计专家评审。

此规定对于城市更新活动的推动作用很大，很多老建筑地段很好，但由于建设年代久远，如要满足现行规范，则将导致更新费用大幅提升且浪费大量使用面积，从而让更新主体望而却步。

此外，条例中明确规定，实施城市更新过程中，为了满足安全、环保、无障碍标准等要求，增设必要的楼梯、风道、无障碍设施、电梯、外墙保温等附属设施和室外开敞性公共空间的，增加的建筑规模可以不计入各区建筑管控规模，由各区单独备案统计。为了保障居民基本生活、补齐城市短板，实施市政基础设施改造、公共服务设施改造、公共安全设施改造、危旧楼房成套化改造的，增加的建筑规模计入各区建筑管控规模，可以由各区单独备案统计，进行全区统筹。

城市更新项目往往现状复杂，使用面积比例较低，如果再扣除掉增加的各类现代设施占用的空间，会让项目的经济平衡更加困难，这些规定让更新项目更容易做到损益平衡，从而推动城市更新活动的开展。

6. 北京市城市更新在实施程序上采用市、区两级城市更新项目库的方式；上海市则通过编制城市更新指引的方式来指导城市更新活动的实施。

北京建立市、区两级城市更新项目库，实行城市更新项目常态申报和动态调整机制，由城市更新实施单元统筹主体、项目实施主体向区城市更新主管部门申报纳入项目库。具备实施条件的项目，有关部门应当听取项目所在地街道办事处、乡镇人民政府以及有关单位和个人意见，及时纳入城市更新计划。

《上海市城市更新条例》指出，市规划资源部门应当会同市发展改革、住房城乡建设管理、房屋管理、经济信息化、商务、交通、生态环境、绿化市容、水务、文化旅游、应急管理、民防、财政、科技、民政等部门，编制本市城市更新指引，报市人民政府审定后向社会发布，并定期更新。同时在编制城市更新指引的过程中，应当听取专家委员会和社会公众的意见。

7. 两市城市更新条例对从市政府、市住房城乡建设部门、市规划自然资源部门、区政府，到街道办事处、乡镇人民政府、居委会、村委会的各级行政机构的职责进行了明确规定。

《北京市城市更新条例》对城市更新组织领导和工作协调机制进行了说明：市人民政府负责统筹全市城市更新工作，研究、审议城市更新相关重大事项；市住房城乡建设部门负责综合协调本市城市更新实施工作，研究制定相关政策、标准和规范，制定城市更新计划并督促实施，跟踪指导城市更新示范项目，按照职责推进城市更新信息系统建设等工作；市规划自然资源部门负责组织编制城市更新相关规划并督促实施，按照职责研究制定城市更新有关规划、土地等政策；区人民政府负责统筹推进、组织协调和监督管理本行政区域内城市更新工作，组织实施重点项目、重点街区的城市更新；街道办事处、乡镇人民政府应当充分发挥"吹哨报到"、接诉即办等机制作用，组织实施本辖区内街区更新，梳理辖区资源，搭建城市更新政府、居民、市场主体共建共治共享平台，调解更新活动中的纠纷；居民委员会、村民委员会在街道办事处、乡镇人民政府的指导下，了解、反映居民、村民的更新需求，组织居民、村民参与城市更新活动。

《上海市城市更新条例》提出市人民政府应当加强对本市城市更新工作的领导，办公室设在市住房城乡建设管理部门，具体负责日常工作；规划资源部门负责组织编制城市更新指引；住房城乡建设管理部门按照职责推进旧区改造、旧住房更新、"城中村"改造等城市更新相关工作，并承担城市更新项目的建设管理职责；经济信息化部门负责根据本市产业发展规划，协调、指导重点产业发展区域的城市更新相关工作；商务部门负责根据本市商业发展规划，协调、指导重点商业和商办设施的城市更新相关工作；区人民政府是推进本辖区城市更新工作的主体，负责组织、协调和管理辖区内城市更新工作；街道办事处、镇人民政府按照职责做好城市更新相关工作。同时还设立城市更新中心，按照规定职责，参与相关规划编制、政策制定、旧区改造、旧住房更新、产业转型以及承担市、区人民政府确定的其他城市更新相关工作。

相较而言，两市都对区政府的主体地位进行说明，北京市更强调基层组织的沟通协调作用，而上海市在制度创新引领、多方协作治理方面进行了探索。

8.《北京市城市更新条例》对过渡期进行了明确说明。

《北京市城市更新条例》规定：在不改变用地主体的条件下，城市更新项目符合更新规划以及国家和本市支持的产业业态的，在五年内可以继续按照原用途和土地权利类型使用土地，可以根据更新改造需要办理建设工程规划许可和建筑工程施工许可手续，暂不办理用地手续和不动产登记。同时条例对五年过渡期满后的执行方法进行了说明：五年期满或者涉及转让时，经区人民政府评估，符合更新规划和产业发展方向，已经实现既定的使用功能和预期效果的，可以按照相关规定以新用途办理用地手续，并允许用地主体提前申请按照新用途办理用地手续。

9．两市城市更新条例都对建立更新专家委员会、建立沟通平台、设立社区规划师等制度进行了说明。

《北京市城市更新条例》提出建立城市更新专家委员会制度，为城市更新有关活动提供论证、咨询意见。同时建立责任规划师参与制度，指导规划实施，发挥技术咨询服务、公众意见征集等作用，作为独立第三方人员，对城市更新项目提意见，协助监督项目实施。建设共性基础平台，建立全市统一的城市更新信息系统，完善数据共享机制，提供征集城市更新需求，畅通社会公众意愿表达渠道等服务保障功能。

《上海市城市更新条例》也指出要探索建立社区规划师制度，发挥社区规划师在城市更新活动中的技术咨询服务、公众沟通协调等作用，推动多方协商、共建共治。同时在编制城市更新指引的过程中，应当听取专家委员会和社会公众的意见。

10．两市城市更新条例都鼓励多元化融资，以及对住房公积金的利用。

《北京市城市更新条例》鼓励通过发行地方政府债券等方式，筹集改造资金。也鼓励金融机构依法开展多样化金融产品和服务创新，适应城市更新融资需求，依据审查通过的实施方案提供项目融资。同时探索利用住房公积金支持城市更新项目。

《上海市城市更新条例》鼓励金融机构依法开展多样化金融产品和服务创新，满足城市更新融资需求。支持符合条件的企业在多层次资本市场开展融资活动，发挥金融对城市更新的促进作用。符合条件的城市更新项目，依法享受行政事业性收费减免和税收优惠政策。

总之，两市的城市更新条例既针对当下时代特有的问题进行了统一回应，又有各自的特点，总体上《北京市城市更新条例》适用面更广泛，且由于时间上稍晚，在吸取了此前经验的前提下在内容上更加详尽。两市的条例都是当下我国最早、最完善的一批城市更新条例，有很多值得借鉴的方面。相信随着法治建设的不断深化和完善，城市更新活动一定会迎来更好的前景。

# 4.4 东京城市更新典型案例

中国城市建设已进入转型发展的新阶段，控制增量和盘活存量成为今后城市发展的主导方向，城市更新受到广泛的高度重视，加强基础设施和公共设施建设、优化区域功能布局、提升整体居住品质以及加强历史文化保护已经成为各大城市下一阶段的主要目标。在此背景下，北京、上海、深圳和广州等城市陆续推出城市转型发展的相关政策和举措，对世界发达城市的城市发展经验进行学习借鉴，可以让我们更好地推动自己的城市更新活动。

当下以东京为代表的亚洲发达城市正在对其核心区域进行持续更新改造，虽然日本总人口负增长，但东京的人口仍在增长，与西方发达城市不同，人口持续增长仍是城市发展的动力。由于发展阶段不同，亚洲发达城市在20世纪60～90年代的快速发展中积累了相当丰富的城市更新经验，这些经验对中国城市仍有重要的借鉴价值。本节所述几个东京城市更新代表性项目展示了东京进入21世纪以来的城市更新轨迹，这些项目既是东京城市更新的缩影，也反映出当前亚洲发达城市大力推进城市更新的共同趋势。

## 4.4.1 丸之内、大手町地区城市更新——用种子用地带动区域滚动实施大型更新项目

丸之内、大手町作为东京比较核心的区域，毗邻东京车站和皇居，区域内多条铁路线路穿越并设置站点，区位条件十分优越，因此区域内集聚了不同领域大量的大型企业总部。但近年来，随着建筑的老旧化、抗震消防要求的不断提升，以及新技术的不断发展，区域内建筑的软硬件配套逐步落后，改造更新势在必行。但现有建筑基地十分紧张，且需要24小时不间断运转大型信息系统的企业很多，建筑物就地更新和拆迁工作都很难操作，更新改造难度极大。

为了解决这个难题，连锁型城市更新计划应运而生。连锁型城市更新即在更新难度大的区域内，寻找一块适合的启动用地，通常是产权在政府手中的低效用地，将其作为整个区域再开发的起点，因此又被形象地称为"种子用地"。在种子用地上建设新建筑，通过提高容积率等方式，除了妥善处理地块原功能外，还能形成盈余的建筑面积面向邻近用地的产权人进行租售。邻近土地上老旧建筑的产权方和使用方可搬迁至种子用地内的新建筑，用手中的物业进行等价置换，如此操作，政府

图4-1　东京车站与大手町高层办公楼

图4-2　大手町高层办公楼夜景

图4-3　改造后的区域慢行系统

便可拆除邻近地块内腾空的老旧建筑，用作下一个新项目的建设用地，即新的种子用地，循环往复，该区域内一系列地块便可滚动推进再开发，从而实现一个建成度很高、拆迁难度很大的区域的全面更新。

　　要实现连锁型城市更新，一般需要政府带头推进，除提供启动项目的种子用地，还要提供相关的法规支持。大手町连锁型城市更新项目的种子用地便是一块1.3公顷的国有土地，以前作为国家政府机关办公楼使用。2000年左右政府机关搬迁至大手町政府综合办公中心，腾出这块土地用于启动连锁型项目。此后，东京都政府、区政府和当地企业及民众等各方面共同建立了一个多方力量的协调对话机制，用于讨论研究具体实施计划。实施的具体步骤为：都市再生机构（简称UR，是日本政府于2004年设立的推进日本城市更新的独立行政法人特别机构，承担政府管理和企业运作的双重角色，作为项目主体或指导协调机构直接主持实施或推进实施城市再开发项目）取得政府腾退的土地，征集邻近地块内有意参加第一阶段再开发（取得产权并入住）的产权人，用种子用地的产权与其手中产权进行置换；然后在种子用地上根据征集的需求进行设计开发，建设完成后参与置换的邻近地块的产权人搬入，其腾退的土地便可作为第二阶段开发的种子用地，从而循环推进，最终将整个区域尽可能地更新再开发。

　　大手町连锁型城市更新项目有如下几点值得关注：

　　首先，都市再生机构作为项目实施主体，除了建设建筑外还进行外围道路的局部拓宽和日本桥沿河步道等公共设施的建设，对区域内的步行环境做了升级，还在寸土寸金的地段尽可能地设置了充满绿植的小型花园，如大手町之森，让人们在工作之余可以享受步行的惬意，总实施区域达到了17.4公顷。根据政策，对市政及公共设施进行升级改造可获得容积率奖励，因此大幅提升了再开发项目的容积率。同时由于在开发前就征集了有意用换地方式对开发后的地产进行所有权等价交换的土地产权人，在确定实施方案的过程中便可将希望在种子用地内换得土地产权的相关土地产权人集中起来，然后根据这些产权人的要求和土地特点进行种子用地的开发建设，这样新建的建筑便和未来使用者的需求高度适配，不会出现其他城市更新项目中新建项目由于定位失误导致租售情况不好的现象。这种做法还有一个好处，便是将以往由多位土地产权人各自持有的各类用地实现整合，统一进行再开发规划设计，实现整体高度利用，并引导再开发项目提供公共空间等政策鼓励的内容，获得进一步的容积率奖励。而且在新建筑建成前，须进行换地的土地产权人仍可继续使用原有地上的建筑，相关政策也对再开发建设期间土地产权的双重利用做了规定，对土地产权人非常有利，因此他们也就更倾向于进行土地置换。

图4-4　更新后的大手町区域街景

图4-5　更新后的大手町之森

其次，从国家腾退用地到城市更新项目落地需要进行土地权属转换，连锁型城市更新项目周期也远超单一更新项目，而且实施主体必须长期持有土地直到整个连锁型项目结束，因此地价变动的风险和不确定性很大。基于此，在第二阶段种子用地由都市再生机构获得后，其将土地三分之二的股权以信托方式转让给民营资本，形成了国有力量和民营企业共同承担风险、共同实施连锁型城市更新项目的格局，既给了社会资本分享更新升级红利的机会，又平摊了风险。

大手町连锁型城市更新为高度成熟的城市区域的更新改造提供了很好的思路，也体现了如果没有政府这种自上而下的强有力政策推动，以及容积率、审批手续、配套基础设施等方面的强力支持，这种大规模的再开发是很难实现的。同时，在股权转让等政策激励之下，民营资本的积极性和智慧得以充分发挥，取得了单纯依靠政府部门很难设想的创造性成绩。这些经验值得同为亚洲发达城市的上海吸收借鉴。

## 4.4.2　丰岛区政府办公楼与住宅综合体——通过合理的竖向布局解决多方诉求

由于日本持续的少子化趋势，近年来各地学校都开始进行合并，2001年丰岛区内学校也进行了合并，使原日出小学遭到废弃。学校的基地位于丰岛车站周边的黄金地段，但是一直没有得到有效利用，没有体现其应有的价值。学校的产权归区政府，恰好原区政府办公楼面积过小，新建区政府办公楼又找不到合适的建设用地，而紧邻学校是一片密集的老旧木结构住宅，存在建筑质量较差、防火防灾存在隐患、街道环境低劣等问题。于是政府出台了通过有针对性地满足城市更新的相关规定来增加容积率等支持政策，然后对小学基地和相邻土地进行统一再开发，同时实现建设区政府新办公楼、老旧建筑街坊更新和完善区域公共绿化网络三个目标，项目命名为丰岛区政府办公楼与住宅综合体项目。于是建筑设计开始介入，提供专业的规划和建筑方案，各方以其为基础讨论各个具体问题可能的解决方式，包括如何重新划分土地、新建筑产权如何分配、建设资金和建成后运营管理等问题。最终确定的再开发用地范围除了原小学的场地外，还有邻近的多个个人所有的住宅及商铺用地。

整个项目从最初讨论到完成经历了12年，前期居民和区政府之间就各个问题协调一致用了6年（在日本的再开发项目中，这个周期并不算很长）。在漫长的讨论协调过程中，各方关心的问题几乎都与规划和建筑方案有关，因此专业建筑设计机构在其中发挥了重要作用。创造性地设计出高效合理使用土地并满足各方要求的方案，是项目最终得以落地的重要因素之一。

项目能实现的另一个关键因素在于允许改变容积率上限。只有足够的建筑面积才能确保各方的利益并提供建设资金，还能让项目为城市提供公共绿化、公共空间和公共交通网络。新增的建筑面积除了政府办公、居民置换的住宅以及公共空间外，剩余面积便可用于市场销售以获得建设资金，从而使原先学校周边住宅及商铺用地参与再开发的土地权利人可以用自己的土地和建筑换取同等价值的新建筑面积而无须支付额外建设成本。

在最终实现的项目中，居民用原有房产换取了各自的新住宅或者是新大楼裙房部分的商铺或办公面积，区政府则用原小学的建设用地折价获得区政府新办公楼55%的建筑面积。由于区政府搬入新楼，原政府大楼便空置，区政府将原政府大楼旧址通过招标方式长期租赁给民间企业进行包含剧场和音乐厅等功能的开发项目，并一次性收取租金用于购买区政府新办公楼剩余45%的建筑面积。因此，区政府新办公楼的建设既没有带来任何财政负担，又为区域内的居住条件改善、公共要素补充和环境提升做出了贡献，这也是项目最终获得居民一致同意的重要原因。

在项目前期研究过程中，是设计两栋独立的建筑还是一栋复合功能建筑是建筑设计企业的核心关注点。将区政府办公楼和住宅采用并排形式分开建设，好处是建筑管理划分非常清晰，缺点是由于场地尺寸限制每栋楼的进深都比较狭窄，既不便于使用，也很难提供公共空间及公共设施；而将各类功能整合为一栋竖向划分的复合建筑可以在建筑空间上比较宽敞、灵活，同时下部大进深裙房能提供更好的公共空间及公共设施等，但缺点是居民和区政府在物业管理方面需一直保持合作。一体化复合功能建筑的方案最初遭到民众反对，政府与民众在建筑设计企业提供的大量建筑方案基础上召开了百余次说明会，最终一体化的建设形式得到了各方面的理解和认同，而在方案建成后，民众纷纷表示赞许。这种一体化复合功能方案，不仅解决了建筑布局合理性的问题，更让区政府办公楼展现出了高度的开放性，以及主动与居民日常生活相融合的姿态，从而得到各方的赞扬和肯定。

图4-6　丰岛区政府办公楼与住宅综合体项目方案效果图

　　建筑设计企业从提出最初的项目设想起就深度参与各方沟通，历经多年协调过程，对城市更新项目各方对新建筑的要求有着深刻的理解，在综合对比各类型布局后，提出将多个功能竖向整合在单一建筑中的方案。最终设计的建筑地上49层，地下3层。其中第1～9层为裙房，主要功能是作为新的区政府办公楼，为了更好地服务上部住户和周边民众，第1、2层除了必要的公共空间外均设计私人拥有的店铺和办公空间，政府办公设置在第3～9层，此外还在一层设置了榉树广场、丰岛中央广场，以及顶部会场上的屋顶庭院——"丰岛森林"，这些公共开放空间和公共设施提高了区域的生活品质，也因此获得了相应的容积率奖励。第10层为抗震和设备层，第11～49层则全部为住宅（共432户，其中原居民110户，剩余的300余户通过出售收回了建设成本），住宅在政府大厅另一侧有单独的出入口，地下有连通地铁站的公共通道，第11层有住宅部分单独的门厅及公共空间，使住宅有足够高的品质和生活便利性。服务于区域的公共绿化、公共空间和地面及地下的公共交通都整合在建筑裙房和地下，满足了区政府向市民开放的意愿，住宅则位于裙房之上，在景观、便捷性和安全性方面非常有利。裙房进深较大，于是在自然采光难以到达的中心部分设置了高度为整个裙房的机械停车场，大大减少了地下车库所需面积，使地上49层的建筑其地下室只需2层，极大地减少了工程量从而降低造价并节省工期。此外整个建筑被生态幕墙所包裹，区政府办公楼和上部住宅中部均设有可以利用烟囱效应排风降温的生态中庭，使建筑整体的物理性能表现非常良好。综上，最终方案的整体布局和细节设计都十分合理，因此各方均能接受，使方案最终能够通过并实施。下面对建筑的各部分进行详述：

1. 裙房部分

建筑裙房部分被设计成向城市和居民开放的城市客厅，区政府在项目一开始便希望新的丰岛区政府办公楼可以像城市客厅一样对所有市民开放，吸引市民参与其中的各种活动。建筑首层四面临街，各方向均设置了连通建筑内街的出入口，内街则通向位于裙房中央的生态中庭，结合中庭设置了名为"丰岛中央广场"的多功能室内广场，这个室内广场与室外的榉树广场可以通过外立面的开启完全连为一体，从而将整个底层变为由中庭、室内广场和室外广场组成的统一空间，为当地居民举办各种活动提供了最佳场所。建筑建成后各类传统的社区活动频繁在新建筑中举行，实现了区政府最初的设想。

裙房采用退台式设计，结合各退台屋顶设置了立体庭园，这些沿着外立面螺旋上升的景观空间被命名为"生态博物馆"，也被当地居民亲切地称为"绿丘"，这个立体庭园既是一个开放的市民公园，也是当地小学生绿色环保教育的最佳学习场所。这个立体庭园被外立面的生态幕墙所包裹，生态幕墙由木质遮阳格栅、光伏太阳能板、防风板、绿植等组合而成，建筑设计师希望能够给人一种爬上一棵大树后坐在树枝上的感觉。这个生态博物馆虽然总面积不大，但完善了当地公共绿化网络，也让建筑裙房外观更加富有特色，因此深受当地民众喜爱。

裙房顶部设有两层通高的会场，可为市民举办相关活动提供场地。会场屋顶上设有庭院，被称为"丰岛森林"，庭院内设有树木、绿地、座椅和小溪，成为周边民众喜爱的公共空间。

建筑裙房室内外结合的公共空间，由榉树广场、立体庭园和屋顶庭院组成的公共绿化，建筑四面留出的沿街步行道以及地下二层连通地铁站的地下公共通道，都为该区域公共网络的完善发挥了重要作用。也使得这栋综合体建筑很好地融入了城市网络，大幅提升了区域的城市品质。

2. 住宅部分

裙房之上的住宅体现出城市黄金地段高档公寓的品质，沿街道有独立的出入口，地下也有和地铁站连通的公共通道，裙房顶部还有单独的门厅和公共配套空间。住户可在底层入口搭电梯至第11层，出电梯后是住宅部分的公共空间，空间内设有公共休息区、多功能厅、儿童游戏室、健身房等专供住宅住户使用的设施，同时空间拥有良好的景观视野。上部的住宅除了户型设计合理，还拥有生态幕墙外立面和生态中庭。面向市场出售的住宅尽管价格高于当地平均值，但很快销售一空，证明该项目的住宅获得了市场的高度认可，同时也实现了该地区为应对人口下降和老龄化而试图吸引更多年轻家庭落户的意图。

3. 生态设计

建筑设计还重点考虑了在高密度城市区域内的生态问题，重点体现在外立面的生态幕墙、生态博物馆、屋顶庭院和建筑内部生态中庭，既增加了绿化，让使用者可以亲近自然，又有效降低建筑热工负荷，达到节能减排的目标。生态幕墙是由木质遮阳格栅、光伏太阳能板、防风板、绿植等组合而成，既起到遮阳作用，又可以增加绿化，还能光伏发电，同时创造了独一无二的外观效果，可谓一举多得。而区政府办公部分和住宅部分的生态中庭则具有绿化和通过热压效果增强自然通风的作用。

图4-7 丰岛区政府办公楼与住宅综合体天际线（南池袋公园一侧）

图4-8 丰岛区政府办公楼与住宅综合体项目
实景

图4-9 丰岛区政府办公楼与住宅综合体项目
街景

图4-10 丰岛区政府办公楼
与住宅综合体的生态立面

图4-11　丰岛区政府办公楼与住宅综合体裙房生态中庭

图4-12　丰岛区政府办公楼与住宅综合体"丰岛森林"出入口

图4-13　丰岛区政府办公楼与住宅综合体"丰岛森林"

图4-14 丰岛区政府办公楼
与住宅综合体外立面生态幕
墙后的"生态博物馆"

图4-15 生态幕墙后的开放
空间

丰岛区政府办公楼与住宅综合体项目在很多方面很特别，很有借鉴价值。各方通力合作，用新模式解决了不同利益互相协调的难题，建成独树一帜的新建筑，还创造了开放、绿色、生态的额外价值，优秀的品质吸引了大量新住户，得到社会各界的积极评价。而且从整个地区的振兴角度看，这个再开发项目也有积极影响。

首先是这个项目南侧和东侧仍有大范围的老旧木结构建筑街坊，虽然居民都有更新意愿，但由于面临和丰岛区政府办公楼与住宅综合体项目同样的难题而一直难以启动。这个项目的顺利落地实施为此片老旧街坊的再开发带来了信心。

其次是新建筑内各类公共空间、开放式办公空间、幼儿园和托儿所、诊所、便利店、对市民开放的立体庭园，充实了整个区域的公共服务体系，也让整栋建筑呈现出亲民化的气质。而且通过为城市提供公共空间及公共设施等，获得了大量的容积率奖励，用新增的建筑面积配置住宅进行售卖，以及区政府原大楼长期租赁给民间企业收取了一次性租金，使建筑在没有动用市民交纳的税金的前提下顺利建成，为成本巨大的高度城市化区域城市更新活动提供了很好的思路。

区政府搬入新建筑后，除了将原政府大楼通过招标方式长期租赁给民间企业进行包含剧场和音乐厅等功能的开发项目以补足区域内的文化设施，还计划将连接池袋站与区政府新办公楼的街道改造为林荫大道，建设新的公园和室外剧场等项目也都陆续提上日程，丰岛区政府办公楼与住宅综合体项目作为区域内更新活动的引擎，带动了整个片区的升级改造。

### 4.4.3　日本桥三井大厦——历史建筑保护与经济效益的平衡

在日本桥地区的核心区域矗立着1929年建成的三井总部大厦，大厦由纽约当年著名的建筑设计事务所设计，外立面为古典风格，采用石材饰面，室内也采用了大理石饰面。建筑多年来虽历经风雨洗礼但仍旧维护良好，石材也基本没有变色，彰显着稳重典雅的气质。在权属于三井不动产的地块内，三井总部大厦紧贴南侧道路并占满场地南侧边界，地块内同为历史建筑的三井2号馆占据着场地西北角，与三井总部大厦以及东北角的东3号馆围合出一个内院，内院呈长方形，只在北侧开口，原先作为停车场使用。1997年随着建筑空间不足的问题愈发严重，三井不动产计划在地块内新建一栋超高层建筑，但基地大半被重要历史建筑占据，如何在保护历史文化遗产的同时，实现高容积率的超高层建筑落地，成为这个再开发项目的关键问题。项目讨论和设计的过程实质上也是探寻如何平衡历史保护与经济效益二者之间关系并同时实现地区振兴路径的过程。

根据日本城市更新相关的法律法规，要获得能支撑建设超高层的容积率，就需要保证一定规模的公共开放空间从而获得容积率奖励，而场地本身并不大且作为重要历史建筑的三井总部大厦和三井2号馆都是完全占满沿街面的布局，拆除掉东3号馆并加上原先的庭院，场地面积对于计划建设的200米左右的超高层来说也只是勉强满足要求，在不破坏历史建筑的前提下要设置沿街公共开放空间几乎不可能。

历史建筑无疑是城市的宝贵财富，见证了城市发展的特定阶段，但具体到单个项目，用地上的历史建筑也会成为城市更新的重大限制，而且，对于城市重要区域的历史建筑，如果不能合理为其找到新时代的定位，建筑就成了没有生命力的标本，同样不利于城市建筑文化的传承。日本许多历史建筑在城市再开发过程中都被破坏或拆除，还有一部分被移建到公园，成为标本式的建筑展品。三井总部大厦在日本近代建筑史上有很高的价值，也是日本桥地区历史的重要组成部分，政府、市民和三井集团都不希望将其拆除。于是在项目前期，三井不动产与建筑设计企业就历史建筑保护与开发效益如何平衡的问题进行了长期的讨论研究。经讨论后得出共识，通过提供城市公共开放空间来获得容积率奖励的方式在本项目无法实现，只能通过对历史建筑保护并提供相应的公共服务的方式来获取同样的容积率奖励。此后，三井不动产与有关政府部门进行了大量的协商工作：首先是申请认定三井总部大厦为东京都历史文化遗产，然后提出能否针对这种情况，由政府制定出以历史建筑保护为前提，增加再开发建筑容积率的新制度。政府部门提出了除对历史建筑进行修旧如旧的保护更新外，将历史建筑的一部分作为美术馆向市民免费开放等附加条件。美术馆作为城市文化公共空间，相当于以另一种方式提供了城市公共空间。此后政府还制定了"重要历史文化遗产保存型特定街区制度"，为场地面积紧张且拥有历史文化保护建筑的同类项目提供了法律依据，由此在法理层面为保护和开发利益平衡问题提供了解决路径。

项目最终获得了超过9的容积率，确保了能支撑超高层开发的建设总量。实施方案让超高层的裙房采用了与三井总部大厦同等的高度和同样的建筑语汇，且二者在体量连接处的临街部分共享一个公共大厅，维持了街景的统一与延续，地上39层、高度约200米的超高层则从沿街层层退后，并采用了轻巧通透的金属玻璃幕墙外立面，使新建超高层对街道的压迫感降至最低，这样的设计既尊重了三井总部大厦、三井2号馆和新建塔楼各自的独立性，也使整个地块上的三栋建筑形成一个有机的整体。

这个项目证明历史建筑保护与经济利益并非对立，完全可以做到二者兼顾。而且越是重要区域和重要地块，越应该灵活调整政策，这类地块往往现状更为复杂从而导致开发难度大和项目周期长，因此政策更应该给予充分的激励以充分调动市场进行城市更新和再开发的动力，从而实现历史建筑保护、土地有效利用和提升城市整体竞争力之间的平衡。

日本桥三井大厦项目推进了东京相关规划法规的改进，带动了该地区后续类似项目的启动，成为之后日本桥地区持续再开发的起点，可以说是兼顾历史建筑保护与经济效益的典型案例。上海在2021年8月推出的《上海市城市更新条例》中直接明确了历史建筑保护的激励措施，如："城市更新因历史风貌保护需要，建筑容积率受到限制的，可以按照规划实行异地补偿；城市更新项目实施过程中新增不可移动文物、优秀历史建筑以及需要保留的历史建筑的，可以给予容积率奖励。"在我国此前几十年房地产主导的粗放型的城市建设过程中，容积率是房地产商谋求利益的重要工具，由此使容积率在我国带有很强的负面色彩，加之上海市有意地控制建设总量，使容积率奖励被卡在一个较低的水平，像日本桥三井大厦项目从几栋六层左右的老建筑直接改为9以上的容积率在上海难以实现，从而导致对市场主体的激励明显不足，这也是上海及我国其他城市在推进有较多历史建筑的核心区域城市更新时，值得借鉴的一面。

图4-16　日本桥三井大厦

图4-17　延续的街道立面（图中左侧为历史保护建筑三井总部大厦，右侧柱廊为新建超高层裙房）

图4-18　日本桥三井大厦夜景

图4-19 日本桥三井大厦室内

通过几个代表性案例，我们可以看出东京在用地紧张、现状复杂的条件下，创造性地积极探索更新实践路径所取得的成果和经验，包括：用种子用地带动现状复杂的建成区域实施滚动更新、用竖向规划布局解决多方诉求、通过特定的激励政策使历史建筑保护与经济效益之间取得平衡等，这些思路对当下上海城市更新也有很高的借鉴价值。

# 4.5　东京城市更新经验对上海的启示

之所以需要借鉴东京这类国际都市的城市更新经验，是因为新时代的上海需要变化，需要尽一切可能提升城市品质，让城市发展潜能再次释放。当今世界各大城市在吸引人才、科技力量和资本力量等方面无疑存在竞争关系，全球竞争态势使当代的国际城市不进则退，东京的城市更新案例显示了城市以增强能级来面对竞争的态度，因此对当下的上海很有启示。

首先是容积率奖励等指标激励的力度问题。相比东京城市更新项目动辄10以上的容积率，上海城区目前的容积率控制指标较低，与其他发达城市相比指标差距较大，这一方面归因于此前几十年由房地产市场主导推进的粗放型的城市建设过程中，容积率确实是房地产商谋求更多开发利益的重要指标，这让容积率染上了很强的负面色彩，同时由高密度人口聚集带来的一系列"大城市病"让人们甚至包括一些城市决策者和专业人员形成一种片面观点：高容积率是城市病的病因。从长远发展的角度考虑，应客观科学地看待容积率问题，单纯依靠降低容积率来缓解交通等城市基础设施压力会引发城市重要区域竞争力不足和摊大饼式的城市蔓延等更多的连带负面效应。

目前上海施行公共利益导向下的政策激励，如能提供公共设施或公共开放空间，则可以适当提高项目的容积率，但这些奖励一般不得超过设定好的上限值，若超过上限则按比例折减。此外，要求保护的历史建筑和历史构筑物可不计入容积率。由于城市更新复杂的现状带来的不确定性，以及较长的周期，使这些奖励措施对市场主体激励性不足。上海可借鉴东京对容积率问题抛开成见，提供更多的奖励空间，激发市场主体参与热情的同时，加强城区开发强度，提升上海核心区域的城市竞争力。

其次是城市发展观念的转变。上海城市更新当前面临的问题主要体现在认识层面，过去几十年快速城市化过程中的惯性思路需要改变，需要认识到从无到有的快速大量建设与建成后持续更新升级两个阶段之间从实施路径到盈利模式的巨大差异。与之相反，东京以及欧美大部分高度城市化的城市，更加重视建成区的再开发等城市更新问题，并将其提高到提升城市竞争力的战略问题。上海中心城区大部分都是第一次城市化的结果，而从全球范围的城市演变规律来看，城市中大部分现存建筑都是在其地块上伴随城市长期发展，发生过若干次建设演变才达到合理状态。上海可以借鉴东京相关案例的做法，合理迭代更新，既延续历史特征，又能面向未来，保持合理变化。

最后是城市规划管理的转型问题。城市更新项目除了规划部门，往往还涉及市政、交通、消防、绿化等多个部门。当前相关管理部门执行的规范和标准大部分都适配于此前的快速建设时期，与当下城市更新转型发展时期的诉求存在明显矛盾，认识层面存在问题，不利于对项目的推进。东京为了推进城市更新，从组织架构到规范标准都做了一系列相应调整，上海如果要进一步激发城市发展的潜力，必须下决心对相关管理部门进行进一步职能调整，城市转型发展需要的城市规划相关内容必须率先转型，尤其是指导上海这类全球城市的规划文件和配套法规需要保持动态调整：一方面保持战略发展方向不动摇，另一方面在战术层面保持一定的灵活性。日本在2002年推出《都市再生特别措施法》后，对《都市再开发法》等相关法规也做了相应的频繁改进，以适应快速推进城市更新的需要。组织架构和制度法规方面的建设与完善任重道远，但改革是必然趋势。

上海从过去几十年粗放型模式到当下精细化管理综合性更新的跨越式发展，是一个重大、复杂、系统性的转变，而在转变过程中还要继续保持发展速度，是上海当前面临的一个严峻问题。尽管面临诸多问题和挑战，上海的城市更新这些年无论是组织架构的改革还是法规制度的更新完善，都取得了很多成绩，也诞生了很多优秀的城市更新作品，为全国各地提供了宝贵的经验。上海具有不断改革创新的基因和发展潜能，随着吸收世界各地先进经验并不断升级自身，完全有理由相信上海今后的转型发展会取得更显著的成就。

# 第5章
# 城市更新的意义与愿景

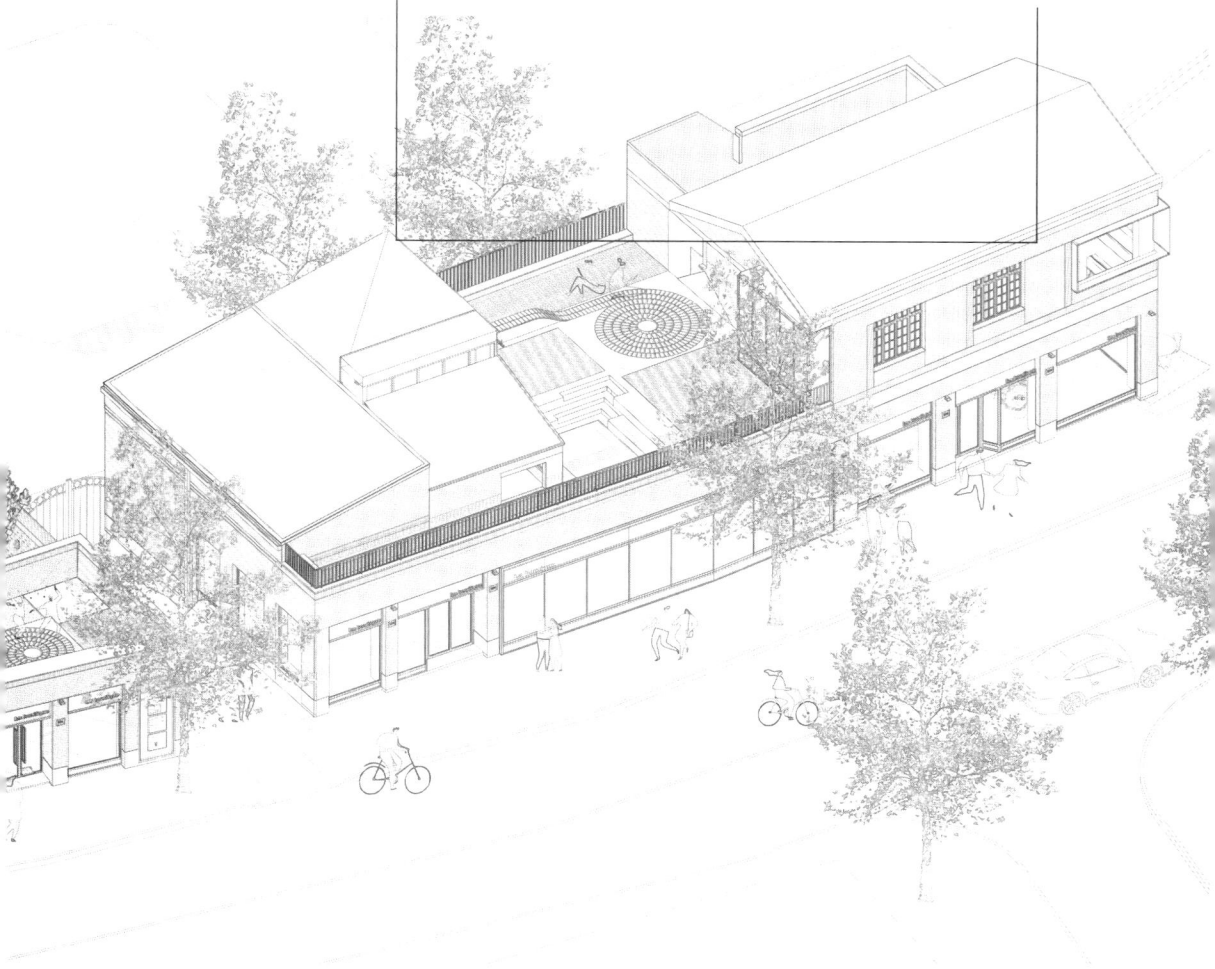

# 5.1 城市更新的意义

城市更新是通过对城市存量空间的改造，推动城市功能结构的优化和空间品质的提升，从而改善居民的生活环境并提升城市竞争力。在我国城市建设进入存量时代的当下，城市更新对于持续促进经济社会健康发展、不断满足群众日益增长的物质及文化生活需要必将发挥重要作用。

首先，城市更新可以提升居民物质及精神文化生活。

在我国此前快速城市化的发展进程中，难免出现一味追求建设速度和规模，却忽视了人居环境质量的问题，城市物理空间日新月异，但宜居性却没有相应地大幅提升。以城市更新的方式对土地进行二次开发，能在建设指标接近上限的前提下有效拓展城市的空间量，有针对性地补足区域内缺失的人居环境元素，完善城市功能，补足公共基础设施，丰富商业生活配套，改善生态环境，营造和谐健康的居住氛围，让城市居民的物质及精神生活都得到提升。

其次，城市更新可以通过提高土地使用价值创造财富并提升城市竞争力。

当下上海等发展较快的城市，都面临城市功能结构调整的问题，城市更新可以重新规划城市区域的功能，从而助力城市完成产业结构和用地结构的调整。此外，城市土地空间有限，上海等城市的建设面积已接近上限，而城市更新可以通过对老旧社区的改造以及对废弃厂房使用功能的置换，在存量中释放出居住及商用空间的建设指标，从而缓解土地供求的矛盾，并通过品质提升和功能转换使土地价值得到进一步提升。同时，在城市更新过程中通过规范引导，针对项目所在区域内缺乏的公共设施进行补充，起到改善居住及营商环境的作用，从而总体提高城市的综合竞争力。

最后，城市更新可以保留城市的印记，让记忆延续。

前几十年在城市改造中基本都是大拆大建，在创造了快速城市化奇迹的同时，也在一定程度上破坏了城市原有的文脉及特色，部分城市呈现相似的"千城一面"，同时因为盲目建设和重复建设造成了大量的资源浪费。城市更新则强调保留城市原有印记，延续城市历史及人文价值。如上海市南京路步行街，在其中央广场改造过程中，除了增加缺乏的公共配套设施、适度提供休闲场所外，对原有的历史建筑按照"重现风貌，重塑功能，修旧如故"的总体要求进行修缮。改造尽力保留老建筑原有的风格，采用保护性手段对原有外墙进行清洗和修缮以使墙面原本的花饰和凹凸肌理得以重现，恢复历史建筑原本的风采，让沿街风貌和谐统一。通过这种方式延续了城市的历史风貌，市民及游客通过近距离接触这些建筑，可以切身体验这座城市历史文化的积淀。

另外如本书中的老码头、安亭老街、NIU ZONE新联地带等更新项目，都在满足新使用功能的同时尽力保留老建筑原先的特色，让此地的居民有归属感，让社区记忆延续。

# 5.2 城市更新的愿景

### 1. 更新建筑体验

老建筑往往因功能变更而废弃或被私自改造，长年疏于维护，建筑体验一般较差。通过更新改造，在保持原先建筑特色的同时，对建筑的外观进行改造并对内部建筑性能进行提升，使其在提供独特建筑感受的同时满足当下的使用需求。

图5-1 更新建筑体验

### 2. 融合场所资源

很多城市更新项目受限于原始场地条件，一些使用需求如大量的机动车停车位等无法实现，通过从更大的区域尺度来综合协调资源，可使很多难题迎刃而解。比如老码头二次改造更新项目就通过与相邻项目共享停车位解决新功能所需的停车数量增加问题。而新项目则可为周边提供原先较为缺乏的公共空间，如活动广场、休憩长廊、艺术空间等。因此，在城市更新项目中，不要局限于项目本身，而是从提升整个区域城市品质的视角来看待问题。

图5-2　融合场所资源

### 3. 延续社区记忆

很多项目在老建筑更新改造后，居住者和使用者仍旧以当年的老居民为主。在设计时通过尽力维持原先的空间尺度、场所氛围，以及保留一些老建筑的外观元素，使老居民能重获归属感和身份认同，也使来访者体验到属于此地特有的文化。

图5-3　延续社区记忆

图5-3 延续社区记忆（续）

### 4. 创造城市未来

中国的城市化进程已进入存量发展阶段，城市的发展动力更多地依靠老城区的更新改造，通过更新实现城市品质提升、城市功能转型、居民生活改善，让城市更新创造更美好的城市未来！

图5-4 创造城市未来

# 附录一

## 上海市城市更新条例 [①]

（2021年8月25日上海市第十五届人民代表大会
常务委员会第三十四次会议通过）

## 目录

## 第一章　总则

**第一条**　为了践行"人民城市"重要理念，弘扬城市精神品格，推动城市更新，提升城市能级，创造高品质生活，传承历史文脉，提高城市竞争力、增强城市软实力，建设具有世界影响力的社会主义现代化国际大都市，根据有关法律、行政法规，结合本市实际，制定本条例。

**第二条**　本市行政区域内的城市更新活动及其监督管理，适用本条例。

本条例所称城市更新，是指在本市建成区内开展持续改善城市空间形态和功能的活动，具体包括：

（一）加强基础设施和公共设施建设，提高超大城市服务水平；

（二）优化区域功能布局，塑造城市空间新格局；

---

[①] 上海市人民代表大会常务委员会. 上海市城市更新条例[EB/OL].（2021-08-25）[ 2025-03-13 ]. https://ghzyj.sh.gov.cn/nw2402/20221019/9a9ed9e547b544a386a7356ca9e408e3.html

（三）提升整体居住品质，改善城市人居环境；

（四）加强历史文化保护，塑造城市特色风貌；

（五）市人民政府认定的其他城市更新活动。

第三条　本市城市更新，坚持"留改拆"并举、以保留保护为主，遵循规划引领、统筹推进，政府推动、市场运作，数字赋能、绿色低碳，民生优先、共建共享的原则。

第四条　市人民政府应当加强对本市城市更新工作的领导。

市人民政府建立城市更新协调推进机制，统筹、协调全市城市更新工作，并研究、审议城市更新相关重大事项；办公室设在市住房城乡建设管理部门，具体负责日常工作。

第五条　规划资源部门负责组织编制城市更新指引，按照职责推进产业、商业商办、市政基础设施和公共服务设施等城市更新相关工作，并承担城市更新有关规划、土地管理职责。

住房城乡建设管理部门按照职责推进旧区改造、旧住房更新、"城中村"改造等城市更新相关工作，并承担城市更新项目的建设管理职责。

经济信息化部门负责根据本市产业发展规划，协调、指导重点产业发展区域的城市更新相关工作。

商务部门负责根据本市商业发展规划，协调、指导重点商业商办设施的城市更新相关工作。

发展改革、房屋管理、交通、生态环境、绿化市容、水务、文化旅游、应急管理、民防、财政、科技、民政等其他有关部门在各自职责范围内，协同开展城市更新相关工作。

第六条　区人民政府（含作为市人民政府派出机构的特定地区管理委员会，下同）是推进本辖区城市更新工作的主体，负责组织、协调和管理辖区内城市更新工作。

街道办事处、镇人民政府按照职责做好城市更新相关工作。

第七条　本市设立城市更新中心，按照规定职责，参与相关规划编制、政策制定、旧区改造、旧住房更新、产业转型以及承担市、区人民政府确定的其他城市更新相关工作。

第八条　本市设立城市更新专家委员会（以下简称专家委员会）。

专家委员会按照本条例的规定，开展城市更新有关活动的评审、论证等工作，并为市、区人民政府的城市更新决策提供咨询意见。

专家委员会由规划、房屋、土地、产业、建筑、交通、生态环境、城市安全、文史、社会、经济和法律等方面的人士组成，具体组成办法和工作规则另行规定。

**第九条** 本市建立健全城市更新公众参与机制，依法保障公众在城市更新活动中的知情权、参与权、表达权和监督权。

**第十条** 本市依托"一网通办""一网统管"平台，建立全市统一的城市更新信息系统。

城市更新指引、更新行动计划、更新方案以及城市更新有关技术标准、政策措施等，应当同步通过城市更新信息系统向社会公布。

市、区人民政府及其有关部门依托城市更新信息系统，对城市更新活动进行统筹推进、监督管理，为城市更新项目的实施和全生命周期管理提供服务保障。

## 第二章 城市更新指引和更新行动计划

**第十一条** 市规划资源部门应当会同市发展改革、住房城乡建设管理、房屋管理、经济信息化、商务、交通、生态环境、绿化市容、水务、文化旅游、应急管理、民防、财政、科技、民政等部门，编制本市城市更新指引，报市人民政府审定后向社会发布，并定期更新。

编制城市更新指引过程中，应当听取专家委员会和社会公众的意见。

**第十二条** 编制城市更新指引应当遵循以下原则：

（一）符合国民经济和社会发展规划、国土空间总体规划，统筹生产、生活和生态布局；

（二）破解城市发展中的突出问题，推动城市功能完善和品质提升；

（三）聚焦城市发展重点功能区和新城建设，发挥示范引领和辐射带动作用；

（四）注重历史风貌保护和文化传承，拓展文旅空间，提升城市魅力；

（五）持续改善城市人居环境，构建多元融合的"十五分钟社区生活圈"，不断满足人民群众日益增长的美好生活需要；

（六）强化产业发展统筹，促进重点产业转型，提升城市创新能级；

（七）加强城市风险防控和安全运行保障，提升城市韧性。

**第十三条** 城市更新指引应当明确城市更新的指导思想、总体目标、重点任务、实施策略、保障措施等内容，并体现区域更新和零星更新的特点和需求。

**第十四条** 区人民政府根据城市更新指引，结合本辖区实际情况和开展的城市体检评估报告意见建议，对需要实施区域更新的，应当编制更新行动计划；更新区域跨区的，由市人民政府指定的部门或者机构编制更新行动计划。

确定更新区域时，应当优先考虑居住环境差、市政基础设施和公共服务设施薄弱、存在重大安全隐患、历史风貌整体提升需求强烈以及现有土地用途、建筑物使用功能、产业结构不适应经济社会发展等区域。

第十五条　物业权利人以及其他单位和个人可以向区人民政府提出更新建议。

区人民政府应当指定部门对更新建议进行归类和研究，并作为确定更新区域、编制更新行动计划的重要参考。

第十六条　市人民政府指定的部门或者机构、区人民政府（以下统称编制部门）在编制更新行动计划的过程中，应当通过座谈会、论证会或者其他方式，广泛听取相关单位和个人的意见。

第十七条　更新行动计划应当明确区域范围、目标定位、更新内容、统筹主体要求、时序安排、政策措施等。

第十八条　更新行动计划经专家委员会评审后，由编制部门报市人民政府审定后，向社会公布。编制部门应当做好更新行动计划的解读、咨询工作。

更新行动计划主要内容调整的，应当依照本章有关规定，履行听取意见、评审、审议和公布等程序。

## 第三章　城市更新实施

第十九条　更新区域内的城市更新活动，由更新统筹主体统筹开展；由更新区域内物业权利人实施的，应当在更新统筹主体的统筹组织下进行。

零星更新项目，物业权利人有更新意愿的，可以由物业权利人实施。

根据前两款规定，由物业权利人实施更新的，可以采取与市场主体合作方式。

第二十条　本市建立更新统筹主体遴选机制。市、区人民政府应当按照公开、公平、公正的原则组织遴选，确定与区域范围内城市更新活动相适应的市场主体作为更新统筹主体。更新统筹主体遴选机制由市人民政府另行制定。

属于历史风貌保护、产业园区转型升级、市政基础设施整体提升等情形的，市、区人民政府也可以指定更新统筹主体。

第二十一条　更新区域内的城市更新活动，由更新统筹主体负责推动达成区域更新意愿、整合市场资源、编制区域更新方案以及统筹、推进更新项目的实施。

市、区人民政府根据区域情况和更新需要，可以赋予更新统筹主体参与规划编制、实施土地前期准备、配合土地供应、统筹整体利益等职能。

第二十二条　更新统筹主体应当在完成区域现状调查、区域更新意愿征询、市场资源整合等工作后，编制区域更新方案。

区域更新方案主要包括规划实施方案、项目组合开发、土地供应方案、资金统筹以及市政基础设施、公共服务设施建设、管理、运营要求等内容。

编制规划实施方案，应当遵循统筹公共要素资源、确保公共利益等原则，按照相关规划和规定，开展城市设计，并根据区域目标定位，进行相关专题研究。

第二十三条　编制区域更新方案过程中，更新统筹主体应当与区域范围内相关物业权利人进行充分协商，并征询市、区相关部门以及专家委员会、利害关系人的意见。

市、区相关部门应当加强对更新统筹主体编制区域更新方案的指导。

第二十四条　更新统筹主体应当将区域更新方案报所在区人民政府或者市规划资源部门，并附具相关部门、专家委员会和利害关系人意见的采纳情况和说明。

区人民政府或者市规划资源部门对区域更新方案进行论证后予以认定，并向社会公布。具体分工和程序，由市人民政府另行规定。

第二十五条　更新统筹主体应当根据区域更新方案，组织开展产权归集、土地前期准备等工作，配合完成规划优化和更新项目土地供应。

第二十六条　区域更新方案经认定后，更新项目建设单位依法办理立项、土地、规划、建设等手续；区域更新方案包含相关审批内容且符合要求的，相关部门应当按照"放管服"改革以及优化营商环境的要求，进一步简化审批材料、缩减审批时限、优化审批环节，提高审批效能。

第二十七条　零星更新项目的物业权利人有更新意愿的，应当编制项目更新方案。项目更新方案主要包括规划实施方案和市政基础设施、公共服务设施建设、管理、运营要求等内容。

项目更新方案的意见征询、认定、公布等程序，参照本章规定执行。

第二十八条　开展城市更新活动，应当遵守以下一般要求：

（一）优先对市政基础设施、公共服务设施等进行提升和改造，推进综合管廊、综合杆箱、公共充电桩、物流快递设施等新型集约化基础设施建设；

（二）按照规定进行绿色建筑建设和既有建筑绿色改造，发挥绿色建筑集约发展效应，打造绿色生态城区；

（三）按照海绵城市建设要求，综合采取措施，提高城市排水、防涝、防洪和防灾减灾能力；

（四）对地上地下空间进行综合统筹和一体化提升改造，提高城市空间资源利用效率；

（五）完善城市信息基础设施，推动经济、生活、治理全面数字化转型；

（六）通过对既有建筑、公共空间进行微更新，持续改善建筑功能和提升生活环境品质；

（七）按照公园城市建设要求，完善城市公园体系，全面提升城市生态环境品质；

（八）加强公共停车场（库）建设，推进轨道交通场站与周边地区一体化更新建设；

（九）国家和本市规定的其他要求。

第二十九条　更新项目建设单位应当按照规定，建立更新项目质量和安全管理制度，采取风险防控措施，加强质量和安全管理；涉及既有建筑结构改造或者改变建筑设计用途的，应当开展质量安全检测。

更新项目建设单位应当统筹考虑更新区域的实际情况，组织制定抗震、消防功能整体性提升方案，综合运用建筑抗震、消防新技术等手段，提升更新区域整体抗震、消防性能。

第三十条　在城市更新过程中确需搬迁业主、公房承租人，更新项目建设单位与需搬迁的业主、公房承租人协商一致的，应当签订协议，明确房屋产权调换、货币补偿等方案。

第三十一条　在城市更新过程中，为了促进国民经济和社会发展等公共利益，按照国家和本市有关房屋征收与补偿规定确需征收房屋提升城市功能的，应当遵循决策民主、程序正当、结果公开的原则，广泛征求被征收人的意愿，科学论证征收补偿方案。

作出房屋征收决定的区人民政府对被征收人给予补偿后，被征收人应当在补偿协议约定或者补偿决定确定的搬迁期限内完成搬迁。被征收人在法定期限内不申请行政复议或者不提起行政诉讼，在补偿决定规定的期限内又不搬迁的，由作出房屋征收决定的区人民政府依法申请人民法院强制执行。

第三十二条　对于建筑结构差、年久失修、功能不全、存在安全隐患且无修缮价值的公有旧住房，经房屋管理部门组织评估，需要采用拆除重建方式进行更新的，拆除重建方案应当充分征求公房承租人意见，并报房屋管理部门同意。公房产权单位应当与公房承租人签订更新协议，并明确合理的回搬或者补偿安置方案；签约比例达到百分之九十五以上的，协议方可生效。

对于建筑结构差、功能不全的公有旧住房，确需保留并采取成套改造方式进行更新，经房屋管理部门组织评估需要调整使用权和使用部位的，调整方案应当充分征求公房承租人意见，并报房屋管理部门同意。公房产权单位应当与公房承租人签订调整协议，并明确合理的补偿安置方案。签约比例达到百分之九十五以上的，协议方可生效。

公房承租人拒不配合拆除重建、成套改造的，公房产权单位可以向区人民政府申请调解；调解不成的，为了维护和增进社会公共利益，推进城市规划的实施，区人民政府可以依法作出决定。公房承租人对决定不服的，可以依法申请行政复议或者提起行政诉讼。在法定期限内不申请行政复议或者不提起行政诉讼，在决定规定的期限内又不配合的，由作出决定的区人民政府依法申请人民法院强制执行。

第一款、第二款规定的拆除重建、成套改造项目中涉及私有房屋的，更新协议、调整协议的签约及相关工作要求按照前款规定执行。

第三十三条　本市开展既有多层住宅加装电梯工作，应当遵循民主协商、因地制宜、安全适用、风貌协调的原则。

既有多层住宅需要加装电梯的，应当按照《中华人民共和国民法典》关于业主共同决定事项的规定进行表决。表决通过后，按照国家和本市有关规定，开展加装电梯工作。对于加装电梯过程中产生争议的，依法通过协商、调解、诉讼等方式予以解决。

街道办事处、镇人民政府应当做好加装电梯相关协调、推进工作。

第三十四条　在优秀历史建筑的周边建设控制范围内新建、扩建、改建以及修缮建筑的，应当在使用性质、高度、体量、立面、材料、色彩等方面与优秀历史建筑相协调，不得改变建筑周围原有的空间景观特征，不得影响优秀历史建筑的正常使用。

## 第四章　城市更新保障

第三十五条　市、区人民政府及其有关部门应当完善城市更新政策措施，深化制度创新，加大资源统筹力度，支持和保障城市更新。

第三十六条　市、区人民政府应当安排资金，对旧区改造、旧住房更新、"城中村"改造以及涉及公共利益的其他城市更新项目予以支持。

鼓励通过发行地方政府债券等方式，筹集改造资金。

第三十七条　鼓励金融机构依法开展多样化金融产品和服务创新，满足城市更新融资需求。

支持符合条件的企业在多层次资本市场开展融资活动，发挥金融对城市更新的促进作用。

第三十八条　城市更新项目，依法享受行政事业性收费减免和税收优惠政策。

第三十九条　因历史风貌保护、旧住房更新、重点产业转型升级需要，有关建筑间距、退让、密度、面宽、绿地率、交通、市政配套等无法达到标准和规范的，有关部门应当按照环境改善和整体功能提升的原则，制定适合城市更新的标准和规范。

第四十条　更新区域内项目的用地性质、容积率、建筑高度等指标，在保障公共利益、符合更新目标的前提下，可以按照规划予以优化。

对零星更新项目，在提供公共服务设施、市政基础设施、公共空间等公共要素的前提下，可以按照规定，采取转变用地性质、按比例增加经营性物业建筑量、提高建筑高度等鼓励措施。

旧住房更新可以按照规划增加建筑量；所增加的建筑量在满足原有住户安置需求后仍有增量空间的，可以用于保障性住房、租赁住房和配套设施用途。

第四十一条　根据城市更新地块具体情况，供应土地采用招标、拍卖、挂牌、协议出让以及划拨等方式。按照法律规定，没有条件，不能采取招标、拍卖、挂牌方式的，经市人民政府同意，可以采取协议出让方式供应土地。鼓励在符合法律规定的前提下，创新土地供应政策，激发市场主体参与城市更新活动的积极性。

物业权利人可以通过协议方式，将房地产权益转让给市场主体，由该市场主体依法办理存量补地价和相关不动产登记手续。

城市更新涉及旧区改造、历史风貌保护和重点产业区域调整转型等情形的，可以组合供应土地，实现成本收益统筹。

城市更新以拆除重建和改建、扩建方式实施的，可以按照相应土地用途和利用情况，依法重新设定土地使用期限。

对不具备独立开发条件的零星土地，可以通过扩大用地方式予以整体利用。

城市更新涉及补缴土地出让金的，应当在土地价格市场评估时，综合考虑土地取得成本、公共要素贡献等因素，确定土地出让金。

第四十二条　市住房城乡建设管理部门会同相关部门，建立全市统一的市政基础设施维护及资金保障机制，推进市政基础设施全生命周期智慧化运营和管理。

第四十三条　在本市历史建筑集中、具有一定历史价值的地区、街坊、道路区段、河道区段等已纳入更新行动计划的历史风貌保护区域开展风貌保护，以及对优秀历史建筑进行保护的过程中，符合公共利益确需征收房屋的，按照国家和本市有关规定开展征收和补偿。

城市更新因历史风貌保护需要　建筑容积率受到限制的，可以按照规划实行异地补偿；城市更新项目实施过程中新增不可移动文物、优秀历史建筑以及需要保留的历史建筑的，可以给予容积率奖励。

**第四十四条**　本市探索建立社区规划师制度，发挥社区规划师在城市更新活动中的技术咨询服务、公众沟通协调等作用，推动多方协商、共建共治。

**第四十五条**　鼓励在符合规划和相关规定的前提下，整合可利用空地与闲置用房等空间资源，增加公共空间，完善市政基础设施与公共服务设施，优化提升城市功能。

鼓励既有建筑在符合相关规定的前提下进行更新改造，改善功能。

经规划确定保留的建筑，在规划用地性质兼容的前提下，功能优化后予以利用的，可以依法改变使用用途。

鼓励旧住房与周边闲置用房进行联动更新改造，改善功能。

**第四十六条**　本市加强对归集优秀历史建筑、花园住宅类公有房屋承租权的管理。经市人民政府同意，符合条件的市场主体可以归集优秀历史建筑、花园住宅类公有房屋承租权，实施城市更新。

经区人民政府同意，符合条件的市场主体可以归集除优秀历史建筑、花园住宅类以外的公有房屋承租权，实施城市更新。

公有房屋出租人可以通过有偿回购承租权、房屋置换等方式，归集公有房屋承租权，实施城市更新。

**第四十七条**　城市更新活动涉及居民安置的，可以按照规定统筹使用保障性房源。

**第四十八条**　市、区人民政府加强产业统筹发展力度，引导产业转型升级。

鼓励存量产业用地根据区域功能定位和产业导向实施更新，通过合理确定开发强度、创新土地收储管理等方式，完善利益平衡机制。

鼓励产业空间高效利用，根据资源利用效率评价结果，分级实施相应的能源、规划、土地、财政等政策，促进产业用地高效配置。

鼓励更新统筹主体通过协议转让、物业置换等方式，取得存量产业用地。

**第四十九条**　国有企业土地权利人应当带头承担国家、本市重点功能区开发任务，实施自主更新。

国有企业应当积极向市场释放存量土地，促进存量资产盘活。

国有资产监督管理机构应当建立健全与国有企业参与城市更新活动相适应的考核机制。

## 第五章　监督管理

**第五十条**　本市对城市更新项目实行全生命周期管理。

城市更新项目的公共要素供给、产业绩效、环保节能、房地产转让、土地退出等全生命周期管理要求，应当纳入土地使用权出让合同。对于未约定产业绩效、土地退出等全生命周期管理要求的存量产业用地，可以通过签订补充合同约定。

市、区有关部门应当将土地使用权出让合同明确的管理要求以及履行情况纳入城市更新信息系统，通过信息共享、协同监管，实现更新项目的全生命周期管理。对于有违约转让、绩效违约等违反合同情形的，市、区人民政府应当依照法律、法规、规章和合同约定进行处置。

**第五十一条**　市、区人民政府应当加强对本行政区域内城市更新活动的监督；有关部门应当结合城市更新项目特点，分类制定和实行相应的监督检查制度。

市、区人民政府可以根据实际情况，委托第三方开展城市更新情况评估。

**第五十二条**　财政、审计等部门按照各自职责和有关规定，对城市更新中的国有资金使用情况进行监督。

**第五十三条**　对于违反城市更新相关规定的行为，任何单位和个人有权向市、区人民政府及其有关部门投诉、举报；市、区人民政府及其有关部门应当按照规定进行处理。

**第五十四条**　市、区人民代表大会常务委员会通过听取和审议专项工作报告、组织执法检查等方式，加强对本行政区域内城市更新工作的监督。

市、区人民代表大会常务委员会应当充分发挥人大代表作用，汇集、反映人民群众的意见和建议，督促有关方面落实城市更新的各项工作。

## 第六章　浦东新区城市更新特别规定

**第五十五条**　浦东新区应当统筹推进城市有机更新，与老城区联动，加快老旧小区改造，打造时代特色城市风貌。支持浦东新区在城市更新机制、模式、管理等方面率先进行创新探索；条件成熟时，可以在全市推广。

第五十六条　浦东新区人民政府可以指定更新统筹主体，统筹开展原成片出让区域等建成区的更新。

第五十七条　浦东新区人民政府编制更新行动计划时，应当优化地上、地表和地下分层空间设计，明确强制性和引导性规划管控要求，探索建设用地垂直空间分层设立使用权。

第五十八条　浦东新区应当通过保障民生服务设施、共享社区公共服务设施和公共活动空间、构建便捷社区生活圈等方式推进城市更新空间复合利用。

第五十九条　浦东新区探索将建筑结构差、年久失修、建造标准低、基础设施薄弱等居住环境差的房屋，纳入旧区改造范围。

第六十条　浦东新区应当创新存量产业用地盘活、低效用地退出机制。

支持浦东新区深化产业用地"标准化"出让方式改革，增加混合产业用地供给，探索不同产业用地类型合理转换。

## 第七章　法律责任

第六十一条　违反本条例规定的行为，法律、法规已有处理规定的，从其规定。

第六十二条　有关部门及其工作人员违反本条例规定的，由其上级机关或者监察机关依法对直接负责的主管人员和其他直接责任人员给予处分。

## 第八章　附则

第六十三条　旧区改造、旧住房更新、"城中村"改造等城市更新活动，国家有相关规定的，从其规定。

对旧区改造、旧住房更新、"城中村"改造的计划、实施等方面，本条例未作具体规定的，适用本市其他相关规定。

第六十四条　本条例自2021年9月1日起施行。

# 附录二

## 北京市城市更新条例 [①]

（2022年11月25日北京市第十五届人民代表大会常务委员会第四十五次会议通过）

北京市人民代表大会常务委员会公告

〔十五届〕第88号

《北京市城市更新条例》已由北京市第十五届人民代表大会常务委员会第四十五次会议于2022年11月25日通过，现予公布，自2023年3月1日起施行。

北京市人民代表大会常务委员会

2022年11月25日

## 目录

## 第一章　总则

　　**第一条**　为了落实北京城市总体规划，以新时代首都发展为统领推动城市更新，加强"四个中心"功能建设，提高"四个服务"水平，优化城市功能和空间布局，改善人居环境，加强历史文化保护传承，激发城市活力，促进城市高质量

---

[①] 北京市人民代表大会常务委员会. 北京市城市更新条例〔EB/OL〕.（2022-11-25）〔2025-03-13〕. https://www.beijing.gov.cn/zhengce/dfxfg/202212/t20221206_2871600.html

发展，建设国际一流的和谐宜居之都，根据有关法律、行政法规，结合本市实际，制定本条例。

第二条 本市行政区域内的城市更新活动及其监督管理，适用本条例。

本条例所称城市更新，是指对本市建成区内城市空间形态和城市功能的持续完善和优化调整，具体包括：

（一）以保障老旧平房院落、危旧楼房、老旧小区等房屋安全，提升居住品质为主的居住类城市更新；

（二）以推动老旧厂房、低效产业园区、老旧低效楼宇、传统商业设施等存量空间资源提质增效为主的产业类城市更新；

（三）以更新改造老旧市政基础设施、公共服务设施、公共安全设施，保障安全、补足短板为主的设施类城市更新；

（四）以提升绿色空间、滨水空间、慢行系统等环境品质为主的公共空间类城市更新；

（五）以统筹存量资源配置、优化功能布局，实现片区可持续发展的区域综合性城市更新；

（六）市人民政府确定的其他城市更新活动。

本市城市更新活动不包括土地一级开发、商品住宅开发等项目。

第三条 本市城市更新坚持党的领导，坚持以人民为中心，坚持落实首都城市战略定位，坚持统筹发展与安全，坚持敬畏历史、敬畏文化、敬畏生态。

本市城市更新工作遵循规划引领、民生优先，政府统筹、市场运作，科技赋能、绿色发展，问题导向、有序推进，多元参与、共建共享的原则，实行"留改拆"并举，以保留利用提升为主。

第四条 开展城市更新活动，遵循以下基本要求：

（一）坚持先治理、后更新，与"疏解整治促提升"工作相衔接，与各类城市开发建设方式、城乡结合部建设改造相协调；

（二）完善区域功能，优先补齐市政基础设施、公共服务设施、公共安全设施短板；

（三）落实既有建筑所有权人安全主体责任，消除各类安全隐患；

（四）落实城市风貌管控、历史文化名城保护要求，严格控制大规模拆除、增建，优化城市设计，延续历史文脉，凸显首都城市特色；

（五）落实绿色发展要求，开展既有建筑节能绿色改造，提升建筑能效水平，发挥绿色建筑集约发展效应，打造绿色生态城市；

（六）统筹地上地下空间一体化、集约化提升改造，提高城市空间资源利用效率；

（七）落实海绵城市、韧性城市建设要求，提高城市防涝、防洪、防疫、防灾等能力；

（八）推广先进建筑技术、材料以及设备，推动数字技术创新与集成应用，推进智慧城市建设；

（九）落实无障碍环境建设要求，推进适老化宜居环境和儿童友好型城市建设。

第五条　本市建立城市更新组织领导和工作协调机制。市人民政府负责统筹全市城市更新工作，研究、审议城市更新相关重大事项。

市住房城乡建设部门负责综合协调本市城市更新实施工作，研究制定相关政策、标准和规范，制定城市更新计划并督促实施，跟踪指导城市更新示范项目，按照职责推进城市更新信息系统建设等工作。

市规划自然资源部门负责组织编制城市更新相关规划并督促实施，按照职责研究制定城市更新有关规划、土地等政策。

市发展改革、财政、教育、科技、经济和信息化、民政、生态环境、城市管理、交通、水务、商务、文化旅游、卫生健康、市场监管、国资、文物、园林绿化、金融监管、政务服务、人防、税务、公安、消防等部门，按照职责推进城市更新工作。

第六条　区人民政府负责统筹推进、组织协调和监督管理本行政区域内城市更新工作，组织实施重点项目、重点街区的城市更新；明确具体部门主管本区城市更新工作，其他各有关部门应当按照职能分工推进实施城市更新工作。

街道办事处、乡镇人民政府应当充分发挥"吹哨报到"、接诉即办等机制作用，组织实施本辖区内街区更新，梳理辖区资源，搭建城市更新政府、居民、市场主体共建共治共享平台，调解更新活动中的纠纷。

居民委员会、村民委员会在街道办事处、乡镇人民政府的指导下，了解、反映居民、村民更新需求，组织居民、村民参与城市更新活动。

第七条　不动产所有权人、合法建造或者依法取得不动产但尚未办理不动产登记的单位和个人、承担城市公共空间和设施建设管理责任的单位等作为物业权利人，依法开展城市更新活动，享有更新权利，承担更新义务，合理利用土地，自觉推动存量资源提质增效。

国家机关、国有企业事业单位作为物业权利人的，应当主动进行更新；涉及产权划转、移交或者授权经营的，国家机关、国有企业事业单位应当积极洽商、主动配合。直管公房经营管理单位按照国家和本市公房管理有关规定在城市更新中承担相应责任。

第八条　本市城市更新活动应当按照公开、公平、公正的要求，完善物业权利人、利害关系人依法参与城市更新规划编制、政策制定、民主决策等方面的制度，建立健全城市更新协商共治机制，发挥业主自治组织作用，保障公众在城市更新项目中的知情权、参与权和监督权。

鼓励社会资本参与城市更新活动、投资建设运营城市更新项目；畅通市场主体参与渠道，依法保障其合法权益。市场主体应当积极履行社会责任。

城市更新活动相关主体按照约定合理共担改造成本，共享改造收益。

第九条　本市建立城市更新专家委员会制度，为城市更新有关活动提供论证、咨询意见。

本市建立责任规划师参与制度，指导规划实施，发挥技术咨询服务、公众意见征集等作用，作为独立第三方人员，对城市更新项目研提意见，协助监督项目实施。

第十条　本市充分利用信息化、数字化、智能化的新技术开展城市更新工作，依托智慧城市信息化建设共性基础平台建立全市统一的城市更新信息系统，完善数据共享机制，提供征集城市更新需求、畅通社会公众意愿表达渠道等服务保障功能。

市、区人民政府及其有关部门依托城市更新信息系统，对城市更新活动进行统筹推进、监督管理，为城市更新项目的实施提供服务保障。

第十一条　本市推动建立城市更新服务首都功能协同对接机制，加强服务保障，对于满足更新条件的项目，按照投资分担原则和责任分工，加快推进城市更新项目实施。

## 第二章　城市更新规划

第十二条　本市按照国土空间规划体系要求，通过城市更新专项规划和相关控制性详细规划对资源和任务进行时空统筹和区域统筹，通过国土空间规划"一张图"系统对城市更新规划进行全生命周期管理，统筹配置、高效利用空间资源。

第十三条　市规划自然资源部门组织编制城市更新专项规划，经市人民政府批准后，纳入控制性详细规划。

城市更新专项规划是指导本市行政区域内城市更新工作的总体安排，具体包括提出更新目标、明确组织体系、划定重点更新区域、完善更新保障机制等内容。

编制城市更新专项规划，应当向社会公开，充分听取专家、社会公众意见，及时将研究处理情况向公众反馈。

第十四条　本市依法组织编制的控制性详细规划，作为城市更新项目实施的规划依据。编制控制性详细规划应当落实城市总体规划、分区规划要求，进行整体统筹。

编制更新类控制性详细规划，应当根据城市建成区特点，结合更新需求以及群众诉求，科学确定规划范围、深度和实施方式，小规模、渐进式、灵活多样地推进城市更新。

第十五条　城市更新专项规划和相关控制性详细规划的组织编制机关，在编制规划时应当进行现状评估，分类梳理存量资源的分布、功能、规模、权属等信息，提出更新利用的引导方向和实施要求。涉及历史文化资源的，应当开展历史文化资源调查评估。

规划实施中应当优先考虑存在重大安全隐患、居住环境差、市政基础设施薄弱、严重影响历史风貌以及现有土地用途、建筑物使用功能、产业结构不适应经济社会发展等情况的区域。

第十六条　市规划自然资源、住房城乡建设部门会同发展改革、财政、科技、经济和信息化、商务、城市管理、交通、水务、园林绿化、消防等部门制定更新导则，明确更新导向、技术标准等，指导城市更新规范实施。

第十七条　城市更新项目应当依据控制性详细规划和项目更新需要，编制实施方案。符合本市简易低风险工程建设项目要求的，可以直接编制项目设计方案用于更新实施。

## 第三章　城市更新主体

第十八条　物业权利人在城市更新活动中，享有以下权利：

（一）向本市各级人民政府及其有关部门提出更新需求和建议；

（二）自行或者委托进行更新，也可以与市场主体合作进行更新；

（三）更新后依法享有经营权和收益权；

（四）城市更新项目涉及多个物业权利人的，依法享有相应的表决权，对共用部位、共用设施设备在更新后依实施方案享有收益权；

（五）对城市更新实施过程享有知情权、监督权和建议权；

（六）对侵害自己合法权益的行为，有权请求承担民事责任；

（七）法律法规规定的其他权利。

第十九条　物业权利人在城市更新活动中，应当遵守以下规定：

（一）国家和本市城市更新有关法律法规规定和制度要求；

（二）配合有关部门组织开展的城市更新相关现状调查、意愿调查等工作，提供相关资料；

（三）履行业主义务，参与共有部分的管理，对共同决定事项进行协商，执行业主依法作出的共同决定；

（四）执行经本人同意或者业主共同决定报有关部门依法审查通过的实施方案，履行相应的出资义务，做好配合工作。

第二十条　城市更新项目涉及单一物业权利人的，物业权利人自行确定实施主体；涉及多个物业权利人的，协商一致后共同确定实施主体；无法协商一致，涉及业主共同决定事项的，由业主依法表决确定实施主体。

城市更新项目权属关系复杂，无法依据上述规则确定实施主体，但是涉及法律法规规定的公共利益、公共安全等情况确需更新的，可以由区人民政府依法采取招标等方式确定实施主体。确定实施主体应当充分征询利害关系人意见，并通过城市更新信息系统公示。

第二十一条　多个相邻或者相近城市更新项目的物业权利人，可以通过合伙、入股等多种方式组成新的物业权利人，统筹集约实施城市更新。

第二十二条　区人民政府依据城市更新专项规划和相关控制性详细规划，可以将区域综合性更新项目或者多个城市更新项目，划定为一个城市更新实施单元，统一规划、统筹实施。

区人民政府确定与实施单元范围内城市更新活动相适应的主体作为实施单元统筹主体，具体办法由市住房城乡建设部门会同有关部门制定。实施单元统筹主体也可以作为项目实施主体。

区人民政府可以根据城市更新活动需要，赋予实施单元统筹主体推动达成区域更新意愿、整合市场资源、推动项目统筹组合、推进更新项目实施等职能。

第二十三条　实施主体负责开展项目范围内现状评估、房屋建筑性能评估、消防安全评估、更新需求征询、资源整合等工作，编制实施方案，推动项目范围内物业权利人达成共同决定。

具备规划设计、改造施工、物业管理、后期运营等能力的市场主体，可以作为实施主体依法参与城市更新活动。

第二十四条　城市更新项目涉及多个物业权利人的，通过共同协商确定实施方案；涉及业主共同决定事项的，由业主依法表决确定。

实施电线、电缆、水管、暖气、燃气管线等建筑物以内共有部分改造的，可以根据管理规约或者议事规则由业主依法表决确定。

经物业权利人同意或者依法共同表决通过的实施方案，由实施主体报区城市更新主管部门审查。

第二十五条　城市更新项目涉及多个物业权利人权益以及公众利益的，街道办事处、乡镇人民政府或者居民委员会、村民委员会可以依相关主体申请或者根据项目推进需要，通过社区议事厅等形式，召开项目确定听证会、实施方案协调会以及实施效果评议会，听取意见建议，协调利益，化解矛盾，推动实施。区人民政府应当加强对议事协调工作的指导，健全完善相关工作指引。

第二十六条　物业权利人拒不执行实施方案的，其他物业权利人、业主大会或者业主委员会可以依法向人民法院提起诉讼；造成实施主体损失的，实施主体可以依法向人民法院请求赔偿。

本市鼓励发挥人民调解制度作用，人民调解委员会可以依申请或者主动开展调解工作，帮助当事人自愿达成调解协议。

项目实施涉及法律法规规定的公共安全的，区城市更新主管部门可以参照重大行政决策的有关规定作出更新决定。物业权利人对决定不服的，可以依法申请行政复议或者提起行政诉讼。在法定期限内不申请行政复议或者不提起行政诉讼，在决定规定的期限内又不配合的，由区城市更新主管部门依法申请人民法院强制执行。

第二十七条　城市更新过程中，涉及公有住房腾退的，产权单位应当妥善安置承租人，可以采取租赁置换、产权置换等房屋置换方式或者货币补偿方式予以安置补偿。

项目范围内直管公房承租人签订安置补偿协议比例达到实施方案规定要求，承租人拒不配合腾退房屋的，产权单位可以申请调解；调解不成的，区城市更新主管部门可以依申请作出更新决定。承租人对决定不服的，可以按照本条例第二十六条第三款规定执行。

第二十八条　城市更新过程中，需要对私有房屋进行腾退的，实施主体可以采取产权调换、提供租赁房源或者货币补偿等方式进行协商。

城市更新项目范围内物业权利人腾退协议签约比例达到百分之九十五以上的，实施主体与未签约物业权利人可以向区人民政府申请调解。调解不成且项目实施涉及法律、行政法规规定的公共利益，确需征收房屋的，区人民政府可以依据《国有土地上房屋征收与补偿条例》等有关法律法规规定对未签约的房屋实施房屋征收。

第二十九条 城市更新活动中，相邻权利人应当按照有利生产、方便生活、团结互助、公平合理的原则，为城市更新活动提供以下必要的便利：

（一）配合对现状建筑物及其附属设施进行测量、改造、修缮；

（二）给予必要的通行区域、施工作业场所；

（三）提供实施更新改造必要的用水、排水等便利；

（四）其他城市更新活动必要的便利。

对相邻权利人造成损失的，应当依法给予补偿或者赔偿。

## 第四章　城市更新实施

### 第一节　实施要求

第三十条 实施首都功能核心区平房院落保护性修缮、恢复性修建的，可以采用申请式退租、换租、房屋置换等方式，完善配套功能，改善居住环境，加强历史文化保护，恢复传统四合院基本格局；按照核心区控制性详细规划合理利用腾退房屋，建立健全平房区社会管理机制。核心区以外的地区可以参照执行。

实施主体完成直管公房申请式退租和恢复性修建后，可以获得经营房屋的权利。推进直管公房经营预期收益等应收账款质押，鼓励金融机构向获得区人民政府批准授权的实施主体给予贷款支持。

首都功能核心区平房院落腾退空间，在满足居民共生院改造和申请式改善的基础上，允许实施主体依据控制性详细规划，利用腾退空间发展租赁住房、便民服务、商务文化服务等行业。

区属直管公房完成退租、腾退后，可以由实施主体与区人民政府授权的代持机构根据出资、添附情况，按照国有资产管理有关规定共同享有权益。

第三十一条 实施危旧楼房和简易楼改建的，建立物业权利人出资、社会筹资参与、政府支持的资金筹集模式，物业权利人可以提取住房公积金或者利用公积金贷款用于支付改建成本费用。

改建项目应当不增加户数，可以利用地上、地下空间，补充部分城市功能，适度改善居住条件，可以在符合规划、满足安全要求的前提下，适当增加建筑规模作为共有产权住房或者保障性租赁住房。

对于位于重点地区和历史文化街区内的危旧楼房和简易楼，鼓励和引导物业权利人通过腾退外迁改善居住条件。

第三十二条　实施老旧小区综合整治改造的，应当开展住宅楼房抗震加固和节能综合改造，整治提升小区环境，健全物业管理和物业服务费调整长效机制，改善老旧小区居住品质。经业主依法共同决定，业主共有的设施与公共空间，可以通过改建、扩建用于补充小区便民服务设施等。

老旧住宅楼房加装电梯的，应当依法由业主表决确定。业主可以依法确定费用分摊、收益分配等事项。

街道办事处、乡镇人民政府应当健全利益协调机制，推动形成各方认可的利益平衡方案。市住房城乡建设部门应当会同有关部门，通过制定工作指引等方式加强指导。

老旧小区综合整治改造中包含售后公房的，售房单位应当进行专项维修资金补建工作，售后公房业主应当按照国家和本市有关规定续筹专项维修资金。

第三十三条　实施老旧厂房更新改造的，在符合街区功能定位的前提下，鼓励用于补充公共服务设施、发展高精尖产业，补齐城市功能短板。

在符合规范要求、保障安全的基础上，可以经依法批准后合理利用厂房内部空间进行加层改造。

第三十四条　实施低效产业园区更新的，应当推动传统产业转型升级，重点发展新产业、新业态，聚集创新资源、培育新兴产业，完善产业园区配套服务设施。

区人民政府应当建立产业园区分级分类认定标准，将产业类型、投资强度、产出效率、创新能力、节能环保等要求，作为产业引入的条件。区人民政府组织与物业权利人以及实施主体签订履约监管协议，明确各方权利义务。

第三十五条　实施老旧低效楼宇更新的，应当优化业态结构、完善建筑安全和使用功能、提升空间品质、提高服务水平，拓展新场景、挖掘新消费潜力、提升城市活力，提高智能化水平、满足现代商务办公需求。

对于存在建筑安全隐患或者严重抗震安全隐患，以及不符合民用建筑节能强制性标准的老旧低效楼宇，物业权利人应当及时进行更新；没有能力更新的，可以向区人民政府申请收购建筑物、退回土地。

在符合规划和安全等规定的条件下，可以在商业、商务办公建筑内安排文化、体育、教育、医疗、社会福利等功能，也可以用于宿舍型保障性租赁住房。

第三十六条　实施市政基础设施更新改造的，应当完善道路网络，补足交通设施短板，强化轨道交通一体化建设和场站复合利用，建设和完善绿色慢行交通系统，构建连续、通畅、安全的步行与自行车道网络，促进绿色交通设施改造。推进综合管廊建设，完善市政供给体系，建立市政专业整合工作推进机制，统筹道路施工和地下管线建设，应当同步办理立项、规划和施工许可。城市更新项目涉及利用集体土地建设配套公共服务设施、道路和市政设施的，应当随同项目一并研究。

实施老旧、闲置公共服务设施更新改造的，鼓励利用存量资源改造为公共服务设施和便民服务设施，按照民生需求优化功能、丰富供给，提升公共服务设施的服务能力与品质。

实施老旧公共安全设施更新改造的，应当加强首都安全保障，提高城市韧性，提高城市应对多风险叠加能力，确保首都持续安全稳定。

**第三十七条** 实施公共空间更新改造的，应当统筹绿色空间、滨水空间、慢行系统、边角地、插花地、夹心地等，改善环境品质与风貌特色。实施居住类、产业类城市更新项目时，可以依法将边角地、插花地、夹心地同步纳入相关实施方案，同步组织实施。

公共空间类更新项目由项目所在地街道办事处、乡镇人民政府或者经授权的企业担任实施主体。企业可以通过提供专业化物业服务等方式运营公共空间。有关专业部门、公共服务企业予以专项支持。

**第三十八条** 本市统筹推进区域综合性更新。

推动街区更新，整合街区各类空间资源，统筹推进居住类、产业类、设施类、公共空间类更新改造，补短板、强弱项，促进生活空间改善提升、生产空间提质增效，加强街区生态修复。

推动轨道交通场站以及周边存量建筑一体化更新，推进场站用地综合利用，实现轨道交通与城市更新有机融合，带动周边存量资源提质增效，促进场站与周边商业、办公、居住等功能融合，补充公共服务设施。

推动重大项目以及周边地区更新，在重大项目建设时，应当梳理周边地区功能以及配套设施短板，提出更新改造范围和内容，推动周边地区老旧楼宇与传统商圈、老旧厂房与低效产业园区提质增效，促进公共空间与公共设施品质提升。

**第二节　实施程序**

**第三十九条** 本市建立市、区两级城市更新项目库，实行城市更新项目常态申报和动态调整机制，由城市更新实施单元统筹主体、项目实施主体向区城市更新主管部门申报纳入项目库。具体办法由市住房城乡建设部门会同有关部门制定。

具备实施条件的项目，有关部门应当听取项目所在地街道办事处、乡镇人民政府以及有关单位和个人意见，及时纳入城市更新计划。

**第四十条** 项目纳入城市更新计划后，实施主体开展实施方案编制工作。编制过程中应当与相关物业权利人进行充分协商，征询利害关系人的意见。

实施主体结合实际情况编制实施方案，明确更新范围、内容、方式以及建筑规模、使用功能、设计方案、建设计划、土地取得方式、市政基础设施和公共服务设施建设、成本测算、资金筹措方式、运营管理模式、产权办理等内容。市、区人民政府有关部门应当加强对实施主体编制实施方案的指导。

第四十一条　依照本条例第二十四条第三款规定确定的实施方案，报区城市更新主管部门，由区人民政府组织区城市更新主管部门会同有关行业主管部门进行联合审查；涉及国家和本市重点项目、跨行政区域项目、涉密项目等重大项目的，应当报市人民政府批准。审查通过的，由区城市更新主管部门会同有关行业主管部门出具意见，并在城市更新信息系统上对项目情况进行公示，公示时间不得少于十五个工作日。

对实施方案应当重点审核以下内容：

（一）是否符合城市更新规划和导则相关要求；

（二）是否符合本条例第四条相关要求；

（三）现状评估、房屋建筑性能评估等工作情况；

（四）更新需求征询以及物业权利人对实施方案的协商表决情况；

（五）建筑规模、主体结构、使用用途调整等情况是否符合相关规划；

（六）项目资金和用地保障情况；

（七）更新改造空间利用以及运营、产权办理、消防专业技术评价情况。

第四十二条　政府投资为主的城市更新项目，可以由区人民政府或者实施主体将相同、相近类型项目或者同一实施单元内的项目统一招标、统一设计。

区人民政府或者实施主体在项目纳入城市更新计划后，在项目主体、招标内容和资金来源等条件基本确定的前提下，可以依法开展勘察设计招标等工作。

第四十三条　实施主体依据审查通过的实施方案申请办理投资、土地、规划、建设等行政许可或者备案，由各主管部门依法并联办理；符合本市简易低风险工程建设项目要求的，按照相关简易程序办理。市住房城乡建设、规划自然资源部门应当会同有关部门，建立科学合理的并联办理工作机制，优化程序，提高效率。

第四十四条　在保障公共安全的前提下，城市更新中既有建筑改造的绿地率可以按照区域统筹核算，人防工程、建筑退线、建筑间距、日照时间、机动车停车数量等无法达到现行标准和规范的，可以按照改造后不低于现状的标准进行审批。

有关行业主管部门可以按照环境改善和整体功能提升的原则，制定适合城市更新既有建筑改造的标准和规范。

第四十五条　城市更新既有建筑改造应当确保消防安全，符合法律法规和有关消防技术标准要求。确实无法执行现行消防技术标准的，按照尊重历史、因地制宜的原则，应当不低于原建造时的标准；或者采用消防性能化方法进行设计，符合开展特殊消防设计情形的，应当按照有关规定开展特殊消防设计专家评审。

有关部门可以根据城市更新要求，依法制定相适应的既有建筑改造消防技术规范或者方案审查流程。

第四十六条　利用更新改造空间按照实施方案从事经营活动的，有关部门应当办理经营许可。

对于原有建筑物进行多种功能使用，不变更不动产登记的，不影响实施主体办理市场主体登记以及经营许可手续。

## 第五章　城市更新保障

第四十七条　实施城市更新过程中，为了满足安全、环保、无障碍标准等要求，增设必要的楼梯、风道、无障碍设施、电梯、外墙保温等附属设施和室外开敞性公共空间的，增加的建筑规模可以不计入各区建筑管控规模，由各区单独备案统计。

为了保障居民基本生活、补齐城市短板，实施市政基础设施改造、公共服务设施改造、公共安全设施改造、危旧楼房成套化改造的，增加的建筑规模计入各区建筑管控规模，可以由各区单独备案统计，进行全区统筹。

第四十八条　本市探索实施建筑用途转换、土地用途兼容。市规划自然资源部门应当制定具体规则，明确用途转换和兼容使用的正负面清单、比例管控等政策要求和技术标准。

存量建筑在符合规划和管控要求的前提下，经依法批准后可以转换用途。鼓励各类存量建筑转换为市政基础设施、公共服务设施、公共安全设施。公共管理与公共服务类建筑用途之间可以相互转换；商业服务业类建筑用途之间可以相互转换；工业以及仓储类建筑可以转换为其他用途。

存量建筑用途转换经批准后依法办理规划建设手续。符合正面清单和比例管控要求的，按照不改变规划用地性质和土地用途管理；符合正面清单，但是超过比例管控要求的，应当依法办理土地用途变更手续，按照不同建筑用途的建筑规模比例或者功能重要性确定主用途，按照主用途确定土地配置方式、使用年期，结合兼容用途及其建筑规模比例综合确定地价。

住房城乡建设、市场监管、税务、卫生健康、生态环境、文化旅游、公安、消防等部门应当按照工作职责为建筑用途转换和土地用途兼容使用提供政策和技术支撑，办理建设、使用、运营等相关手续，加强行业管理和安全监管。

第四十九条　开展城市更新活动的，国有建设用地依法采取租赁、出让、先租后让、作价出资或者入股等有偿使用方式或者划拨方式配置。采取有偿使用方式配置国有建设用地的，可以按照国家规定采用协议方式办理用地手续。

根据实施城市规划需要，可以由政府依法收回国有建设用地使用权。重新配置的，经营性用地应当依法采取公开招标、拍卖、挂牌等方式。未经有关部门批准，不得分割转让土地使用权。

本市鼓励在城市更新活动中采取租赁方式配置国有建设用地。租赁国有建设用地可以依法登记，租赁期满后可以续租。在租赁期以内，承租人按照规定支付土地租金并完成更新改造后，符合条件的，国有建设用地租赁可以依法转为国有建设用地使用权出让。

国有建设用地租赁、先租后让和国有建设用地使用权作价出资或者入股的具体办法由市规划自然资源部门制定。

第五十条　在不改变用地主体的条件下，城市更新项目符合更新规划以及国家和本市支持的产业业态的，在五年内可以继续按照原用途和土地权利类型使用土地，可以根据更新改造需要办理建设工程规划许可和建筑工程施工许可手续，暂不办理用地手续和不动产登记。

五年期满或者涉及转让时，经区人民政府评估，符合更新规划和产业发展方向，已经实现既定的使用功能和预期效果的，可以按照本条例第四十九条规定以新用途办理用地手续。允许用地主体提前申请按照新用途办理用地手续。

五年期限的起始日从核发建筑工程施工许可证之日起计算；不需要办理建筑工程施工许可证的，起始日从核发建设工程规划许可证之日起计算。

第五十一条　在城市更新活动中，可以采用弹性年期供应方式配置国有建设用地。采取租赁方式配置的，土地使用年期最长不得超过二十年；采取先租后让方式配置的，租让年期之和不得超过该用途土地出让法定最高年限。国有建设用地使用权剩余年期不足，确需延长的，可以依法适当延长使用年限，但是剩余年期与续期之和不得超过该用途土地出让法定最高年限。

涉及缴纳或者补缴土地价款的，应当考虑土地取得成本、公共要素贡献等因素，综合确定土地价款。

采取租赁方式使用土地的，土地租金按年支付或者分期缴纳，租金标准根据前款以及地价评估规定确定。土地租金按年支付的，年租金应当按照市场租金水平定期评估后调整，时间间隔不得超过五年。

第五十二条　城市更新范围内已取得土地和规划审批手续的建筑物，可以纳入实施方案研究后一并办理相关手续。无审批手续、审批手续不全或者现状与原审批不符的建筑，区人民政府应当组织有关部门进行调查、认定，涉及违反法律规定的，应当依法处理；不涉及违反法律规定的，经公示后可以纳入实施方案研究后一并办理相关手续。

城市更新项目应当权属清楚、界址清晰、面积准确，实施更新后依法办理不动产登记。

第五十三条　本市鼓励在符合控制性详细规划的前提下，采取分层开发的方式，合理利用地上、地下空间补充建设城市公共服务设施，并依法办理不动产登记。

支持将符合要求的地下空间用于便民服务设施、公共服务设施，补充完善街区服务功能。

第五十四条　市、区人民政府应当加强相关财政资金的统筹利用，可以对涉及公共利益、产业提升的城市更新项目予以资金支持，引导社会资本参与。鼓励通过依法设立城市更新基金、发行地方政府债券、企业债券等方式，筹集改造资金。

纳入城市更新计划的项目，依法享受行政事业性收费减免，相关纳税人依法享受税收优惠政策。

鼓励金融机构依法开展多样化金融产品和服务创新，适应城市更新融资需求，依据审查通过的实施方案提供项目融资。

按照国家规定探索利用住房公积金支持城市更新项目。

## 第六章　监督管理

第五十五条　市、区人民政府及其有关部门在实施城市更新过程中，应当依法履行重大行政决策程序，统筹兼顾各方利益，畅通公众参与渠道。

第五十六条　市人民政府以及市住房城乡建设等有关部门应当加强对区人民政府及其有关部门城市更新过程中实施主体确定、实施方案审核、更新决定作出、审批手续办理、信息系统公示等情况的监督指导。

国有资产监督管理机构应当建立健全与国有企业参与城市更新活动相适应的考核机制。

第五十七条　区城市更新主管部门会同有关行业主管部门对城市更新项目进行全过程监督，可以结合项目特点，通过签订履约监管协议等方式明确监管主体、监管要求以及违约的处置方式，加强监督管理。

城市更新项目应当按照经审查通过的实施方案进行更新和经营利用，不得擅自改变用途、分割销售。

第五十八条　对于违反城市更新有关规定的行为，任何单位和个人有权向市、区人民政府及其有关部门投诉、举报，市、区人民政府及其有关部门应当按照规定及时核实处理。

## 第七章　附则

第五十九条　本条例自2023年3月1日起施行。

# 参考文献

[1] 秦虹，苏鑫. 城市更新 [M]. 北京：中信出版集团股份有限公司，2018.

[2] 同济大学建筑与城市空间研究所，株式会社日本设计. 东京城市更新经验——城市再开发重大案例研究 [M]. 上海：同济大学出版社，2019.

[3] 唐燕，杨东，祝贺. 城市更新制度建设——广州、深圳、上海的比较 [M]. 北京：清华大学出版社，2019.

[4] 李涛，孟娇. 城市微更新——城市存量空间设计与改造 [M]. 北京：化学工业出版社，2021.

[5] 华高莱斯国际地产顾问（北京）有限公司. 城市更新方法 [M]. 北京：北京理工大学出版社有限责任公司，2022.

[6] 华高莱斯国际地产顾问（北京）有限公司. 世界著名城市更新 [M]. 北京：中国大地出版社，2022.

[7] 上海理想都市建筑规划设计有限公司. 空间再生——上海城市更新典型案例透析 [M]. 上海：上海科学技术文献出版社，2022.

[8] 庄少勤. "新常态"下的上海土地节约集约利用 [J]. 上海国土资源，2015（3）.

[9] 郑德高，卢弘旻. 上海工业用地更新的制度变迁与经济学逻辑 [J]. 上海城市规划，2015（3）.

[10] 庄少勤. 上海城市更新的新探索 [J]. 上海城市规划，2015（10）.

[11] 陈成. 行走上海2016——社区空间微更新计划 [J]. 公共艺术，2016（4）.

[12] 于海漪，文华. 国家政策整合下日本的都市再生 [J]. 城市环境设计，2016（8）.

[13] 高舒琦. 日本土地区划整理对我国城市更新的启示 [C] //中国城市规划年会. 规划60年：成就与挑战——2016中国城市规划年会论文集. 北京：中国建筑工业出版社，2016.

[14] [日] 城所哲夫. 日本城市开发和城市更新的新趋势 [J]. 中国土地，2017（1）.

［15］匡晓明．上海城市更新面临的难点与对策［J］．科学发展，2017（3）．

［16］俞泓霞，古小英，李飞宇．城市更新实施策略与机制研究——以"上海西岸"城市更新为例［J］．住宅科技，2017（10）．

［17］苏甦．上海城市更新的发展历程研究［C］//中国城市规划年会．持续发展，理性规划——2017中国城市规划年会论文集．北京：中国建筑工业出版社，2017．

［18］周显坤．城市更新区规划制度之研究［D］．北京：申请清华大学工学博士学位论文，2017．

［19］苏海威，胡章，李荣．拆除重建类城市更新的改造模式和困境对比［J］．规划师，2018（6）．

［20］孔明亮，马嘉，杜春兰．日本都市再生制度研究［J］．中国园林，2018（8）．

［21］吕凝钰．基于区位条件的上海城市工业空间改造——老码头与NIU ZONE新联地带［J］．建筑技艺，2020（12）．

［22］熊健．打造人民城市的理想社区——15分钟社区生活圈理论的源起、演进与展望［J］．时代建筑，2022（2）．

［23］周俭，周海波，张子婴．上海曹杨新村"15分钟社区生活圈"规划实践［J］．时代建筑，2022（2）．

［24］童明，白雪燕．连接城市生活脉络——社区生活圈的营造策略与方法［J］．时代建筑，2022（2）．

［25］胡颖蓓，王明颖．美好生活圈行动发起"全民总动员"——以上海新华社区为例［J］．时代建筑，2022（2）．

［26］闫超．新公共性——社区微空间中的新兴"在场"模式及其时空设计维度［J］．时代建筑，2022（2）．

［27］马红杰．北京城市更新发展历程和政策演变——全生命周期管理和评估制度探索［J］．世界建筑，2023（4）．

［28］张铁军，杨磊．城市更新背景下的控规编制方法研究——以北京回龙观、天通苑地区街区控规为例［J］．世界建筑，2023（4）．

［29］刘伯英，李匡，杨福海，等．工业用地更新背景下北京旧工业建筑保护利用的回顾与展望［J］．世界建筑，2023（4）．

［30］潘芳，黄哲姣，邢琰，等．城市更新背景下北京商圈改造趋势分析及策略建议［J］．世界建筑，2023（4）．

［31］赵幸．城市更新背景下的规划共治——北京城市规划公众参与的方法、实践

　　与机制［J］. 世界建筑，2023（4）.

［32］侯晓蕾，邹德涵. 城市小微公共空间公众参与式微更新途径——以北京微花
　　园为例［J］. 世界建筑，2023（4）.

［33］黄奇帆. 战略与路径：黄奇帆的十二堂经济课［M］. 上海：上海人民出版
　　社，2022.